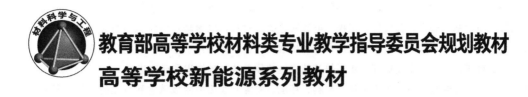

教育部高等学校材料类专业教学指导委员会规划教材

高等学校新能源系列教材

水系锌基电池 关键材料与器件

胡文彬　丁　佳　主编

KEY MATERIALS AND DEVICES OF AQUEOUS ZINC-BASED BATTERY

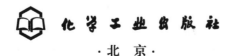
化学工业出版社

·北京·

内 容 简 介

《水系锌基电池关键材料与器件》对水系锌基电池的基础知识和前沿进展进行了系统介绍。内容包括水系锌基电池基本概念，锌负极、正极、电解液等关键材料，电池器件的结构与封装，电池体系的产业应用，以及对水系锌基电池未来发展方向和挑战的分析。全书内容丰富，从电化学理论、关键材料、应用器件等各个层面全面展现了水系锌基储能电池体系的基础知识和研究进展。

本书可作为高等院校和科研机构中从事材料、环境、能源专业相关领域教学和研究的教师和研究生的教学和学习教材，也可供企事业单位中从事新型储能电池研究或生产的科技工作者、工程技术人员参考。

图书在版编目（CIP）数据

水系锌基电池关键材料与器件/胡文彬，丁佳主编
. —北京：化学工业出版社，2023.2
　ISBN 978-7-122-42876-9

Ⅰ.①水… Ⅱ.①胡… ②丁… Ⅲ.①储能-电池-研
究 Ⅳ.①TM911

中国国家版本馆 CIP 数据核字（2023）第 019806 号

责任编辑：陶艳玲　　　　　　　　　　文字编辑：黄福芝
责任校对：李雨函　　　　　　　　　　装帧设计：史利平

出版发行：化学工业出版社（北京市东城区青年湖南街 13 号　邮政编码 100011）
印　　装：北京盛通数码印刷有限公司
787mm×1092mm　1/16　印张 9¾　字数 230 千字　2023 年 4 月北京第 1 版第 1 次印刷

购书咨询：010-64518888　　　　　　　　售后服务：010-64518899
网　　址：http://www.cip.com.cn
凡购买本书，如有缺损质量问题，本社销售中心负责调换。

定　　价：79.00 元　　　　　　　　　　　　版权所有　违者必究

（3）锌-普鲁士蓝类化合物电池

普鲁士蓝类化合物的化学通式为 $M[Fe(CN)_6]$（M＝Fe、Co、Ni、Cu、Mn），具有一个开放的框架结构，拥有足够的离子嵌入位点，可快速传输离子[6]。但它的多价离子氧化还原活性中心不能被完全激活和利用，且循环过程中会发生不受控制的相变，导致容量衰减，所以锌-普鲁士蓝类化合物电池大多比容量较低（低于 $100mA \cdot h \cdot g^{-1}$），仍停留在实验室验证阶段[7]。

1.1.1.2 锌银电池

锌银电池是一种碱性水系电池，一般以银的氧化物（AgO 或 Ag_2O）作为正极的活性材料，氢氧化钾、氢氧化钠等碱性溶液作为电解质，同时以具有传导离子和绝缘能力的高分子材料或者陶瓷薄膜作为电池隔膜，金属锌作为负极活性材料。

（1）当正极材料为 Ag_2O 时的电极反应[8]

$$负极： \quad Zn+2OH^- \Longleftrightarrow ZnO+H_2O+2e^- \tag{1-7}$$

$$正极： \quad Ag_2O+H_2O+2e^- \Longleftrightarrow 2Ag+2OH^- \tag{1-8}$$

$$总反应： \quad Zn+Ag_2O \Longleftrightarrow 2Ag+ZnO \tag{1-9}$$

当以 Ag_2O 为正极活性物质时，锌银电池具有极其平稳的输出电压，但充电过程需要加以控制，以防止 AgO 的生成。

（2）当正极材料为 AgO 时的两步电极反应[9]

$$负极： \quad Zn+2OH^- \Longleftrightarrow ZnO+H_2O+2e^- \tag{1-10}$$

$$正极： \quad 2AgO+H_2O+2e^- \Longleftrightarrow Ag_2O+2OH^- \tag{1-11}$$

$$O_2+2H_2O+4e^- \Longleftrightarrow 4OH^- \tag{1-12}$$

$$总反应： \quad 2Zn+O_2 \Longleftrightarrow 2ZnO \tag{1-13}$$

$$Zn+Ag_2O \Longleftrightarrow 2Ag+ZnO \tag{1-14}$$

这种电池在充放电时会出现两个平台，如图 1-3 所示。图中 AF 曲线代表电池充电过程，其中，AB 段对应于 Ag 被氧化为 Ag_2O 的过程。随着反应的进行，电极电势逐渐增大，直到到达 B 点后，Ag 被氧化为 Ag_2O 的反应迅速停止，电极电势急剧增大到可以生成 AgO，即图中 C 点。由于 AgO 的导电性比 Ag_2O 更为优异（其中，AgO 和 Ag_2O 电导率分别是 $10S \cdot m^{-1}$ 和 $10^{-6}S \cdot m^{-1}$），改善了电极的导电性，因此电势有所下降，即图中 CD 段，整个 DE 段进行的是生成 AgO 的反应，随着反应物的不断减少，由于缺少足够的反应物，反应趋于停滞，因此电极电势迅速增加，即图中 EF 段，随后充电过程结束；图中 $A'D'$ 段代表电池的放电过程，也对应两个放电平台，第一个放电平台 $A'B'$ 段是 AgO 被还原为 Ag_2O 的反应，第二个放电平台 $B'C'$ 段是 Ag_2O 被还原为 Ag 的反应。

当以 AgO 作为正极材料时，充放电过程分两个阶段进行，在充放电曲线的不同阶段会产生不同的电压平台，所以拥有更大的充放电容量（在相同尺寸情况下，Zn/AgO 电池的容量约为 Zn/Ag_2O 电池的 1.5 倍）[10]。但是 AgO 不稳定，容易分解，造成能源浪费。

1.1.1.3 锌空气电池

锌空气电池以金属锌作为该电池的负极材料，正极是空气中的氧气（正极的量可视为无穷大），常用的电解质为强碱（KOH、NaOH）和盐（NH_4Cl）溶液。图 1-4 是碱性锌空气电池的电化学原理图。该电极反应为：

$$\text{负极:} \qquad Zn+2OH^- \rightleftharpoons Zn(OH)_2+2e^- \qquad\qquad (1\text{-}15)$$

$$Zn(OH)_2+2e^- \rightleftharpoons ZnO+H_2O+2OH^- \qquad\qquad (1\text{-}16)$$

$$\text{正极:} \qquad O_2+2H_2O+4e^- \rightleftharpoons 4OH^- \qquad\qquad (1\text{-}17)$$

$$\text{总反应:} \qquad 2Zn+O_2 \rightleftharpoons 2ZnO \qquad\qquad (1\text{-}18)$$

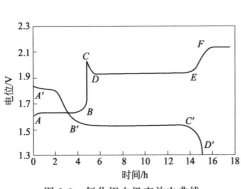

图 1-3　氧化银电极充放电曲线

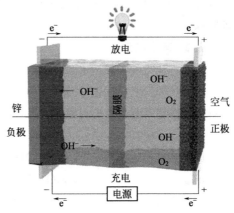

图 1-4　锌空气电池的电化学原理

1.1.1.4　锌镍电池

锌镍电池主要由锌负极、镍正极、隔膜、电解液及电池外壳等构成，隔膜的作用是防止锌枝晶导致正负极短路。具体而言，锌镍二次电池的正极材料为 $Ni(OH)_2$ 和 $NiOOH$，负极材料为 ZnO 和 Zn，电解液为 ZnO 饱和的 KOH 水溶液。图 1-5 是锌镍电池的电化学原理图。其电极反应为：

$$\text{负极:} \qquad Zn+2OH^- \rightleftharpoons Zn(OH)_2+2e^- \qquad\qquad (1\text{-}19)$$

$$\text{正极:} \qquad 2NiOOH+2H_2O+2e^- \rightleftharpoons 2Ni(OH)_2+2OH^- \qquad\qquad (1\text{-}20)$$

$$\text{总反应:} \qquad 2Ni(OH)_2+Zn(OH)_2 \rightleftharpoons 2NiOOH+Zn+2H_2O \qquad\qquad (1\text{-}21)$$

1.1.1.5　锌溴液流电池

单体锌溴液流电池主要由电极、电解液、隔膜和集流体组成，将上述单体电池根据使用需求串并联从而形成电堆单元。电堆单元、电解液储供单元和能量控制管理单元共同构成锌溴液流电池系统。图 1-6 是锌溴液流电池电堆结构示意图，电极基体为碳塑材料组成的导电塑料，在电堆中使用时，一面用作负极成为锌沉积的载体，另一面作为下一节单电池的正极，因此通常被称为双极板。锌溴液流电池使用的电解液是 $ZnBr_2$，电池工作时电解液在闭合回路里循环流动。充电时，锌以金属形态沉积在负

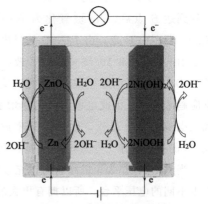

图 1-5　锌镍电池电化学原理

极电极表面，在正极生成油状溴络合物；放电过程则是充电过程的逆反应，在正、负极上分别生成溴离子和锌离子[11]。其电极反应为

$$\text{负极:} \qquad Zn \rightleftharpoons Zn^{2+}+2e^- \qquad\qquad (1\text{-}22)$$

$$正极：\qquad\qquad Br_2 + 2e^- \Longleftrightarrow 2Br^- \qquad\qquad\qquad (1-23)$$
$$总反应：\qquad\qquad Zn + Br_2 \Longleftrightarrow ZnBr_2 \qquad\qquad\qquad (1-24)$$

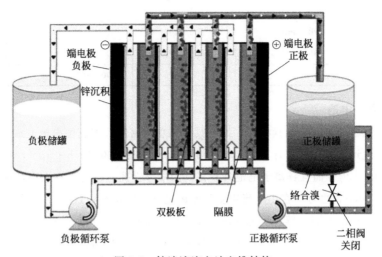

图 1-6 锌溴液流电池电堆结构

1.1.2 水系锌基电池电化学特性

二次水系锌基电池兼顾了锂离子电池的高性能与铅酸电池的高安全性，其综合性能特点如图 1-7 所示。与铅酸电池相比，二次水系锌基电池有更高的能量密度、功率密度和较长的循环寿命，也继承了铅酸电池低成本、高安全性的优势，并且不会对环境产生污染。与锂离子电池相比，二次水系锌基电池的能量密度与之相当，而且不存在爆炸或引发火灾隐患，其成本在量产后预估将低于锂离子电池。

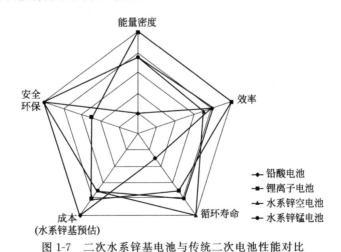

图 1-7 二次水系锌基电池与传统二次电池性能对比

二次水系锌基电池的各类体系在电化学性能上也存在差异。表 1-1 归纳总结了上述各类二次水系锌基电池的性能参数。

表 1-1　二次水系锌基电池不同体系的性能参数

名称	能量密度/W·h·kg^{-1}	功率密度/W·kg^{-1}	循环寿命/次	成本/$·(kW·h)$^{-1}$
锌离子电池	100～320	120～1200	300～5000	70～450
锌银电池	100～350	400～600	10～150	450～600
锌空气电池	220～450	200～400	150～450	80～160
锌镍电池	35～80	80～200	500～2000	124～170
锌溴液流电池	50～60	100～200	800～1000	290～340

1.1.2.1　锌离子电池

锌离子电池不仅具有高能量密度，而且具有高功率密度。根据恒电流充放电结果、能量密度和功率密度计算公式，可计算出其能量密度最高可达 320W·h·kg^{-1}，功率密度最高可达 12kW·kg^{-1}[12]。而且锌离子电池具有良好的倍率性能，既可以在大电流密度下快放电（放电倍率 5～20C），也可以在小电流密度下慢放电（放电倍率≤1C）。

由于正极材料的不同，锌离子电池的能量密度、工作电压、成本等方面也存在差异。锰基化合物作为正极，具有资源丰富、价格低廉的优势。从原材料价格来看，目前锰矿石的报价在 30～33 元/t，价格低于大多数一次或二次电池的正极材料。但在电化学充放电过程中，锰基化合物会发生晶体结构转变和应力集中，从而导致晶体结构破坏，进而造成电池在长循环过程中容量衰减，且锰基化合物反应后生成的 Mn^{2+} 易溶于水，也会造成容量衰减，这是限制此类材料放电性能的主要瓶颈[13-15]。

当钒基化合物作为正极时，其在水系电解液中具有良好的稳定性，且钒具有较多的价态，可以进行多电子转移，使其具有较高的理论容量（300～400mA·h·g^{-1}）。目前研究较为广泛的钒基材料主要包括 VO_2、VS_2、$V_2O_5·xH_2O$、$Na_2V_6O_{16}·xH_2O$ 和 $Mg_xV_2O_5·nH_2O$ 等[16-20]。但金属钒的价格较高（约为 2600 元/kg），制备钒基化合物正极的成本较高，且钒基化合物虽然具有不同形貌和结构，但电化学反应多是基于 V^{5+}/V^{4+} 氧化还原电对，两者放电电位接近，故存在放电电位较低的局限性［平均工作电压为 0.6～0.8V(vs. Zn^{2+}/Zn)］。

当普鲁士蓝类化合物作为正极时，M[Fe(CN)$_6$] 基于过渡金属 M(Fe、Co、Mn 等) 的氧化还原反应实现金属阳离子的脱嵌过程，因此，其放电电位较高（1.6～1.8V）[21,22]，而且放电电位还可通过掺杂不同过渡金属元素进行调节。但是在水系电解液中，普鲁士蓝类化合物结构中一般仅有单一的反应活性位点被激活，实际放电容量远远低于其他电池体系（低于 100mA·h·g^{-1}），限制了其应用[21,22]。

1.1.2.2　锌银电池

锌银电池能量密度较高（最高可达 350W·h·kg^{-1}），倍率性能良好，当锌银电池以 1C 的倍率进行放电时，能够放出额定容量的 90% 以上。当以 3C 的倍率进行大电流放电时，仍然可以放出额定容量的 70% 以上。即使当以 13C 的倍率进行超大电流放电时，通过优化制备工艺，依然能够放出额定容量的 50% 以上。而且，其放电电压平稳、活性物质利用率高[23]。

锌银电池明显的缺点是循环寿命短[24]，在低倍率放电情况下，一般 150 个循环充放电就会到达终点；如果高倍率放电，则会在 5～10 个循环后失效。此外，锌银电池采用银作为正极材料，其价格昂贵，造成正极材料成本在电池整体费用的占比达到 75％左右，成为阻碍锌银电池普及化发展的重要因素。

1.1.2.3 锌空气电池

由于锌空气电池的正极为空气中的氧气，正极的量可视作无穷大，因此其理论能量密度高达 $1350W \cdot h \cdot kg^{-1}$。且由于空气随时可以取用，在同等条件下，锌空气电池可以贮存更多的反应材料，所以其实际能量密度也很高，最高可达 $450W \cdot h \cdot kg^{-1}$。锌空气电池的理论开路电压为 1.65V，而实际工作电压小于 1.2V，充电电压大于 2.0V，充放电电压差较大，主要源于阴极氧还原反应的过电势较高[25]。而且，其是敞口开放体系，电解液易挥发，造成容量衰减明显，且负极锌在碱性电解液中热力学不稳定，易产生枝晶，负极因腐蚀反应产生的氢气会导致电池内压升高，使电池膨胀，进而导致电池损坏[26]，所以其循环寿命较短。

1.1.2.4 锌镍电池

锌镍电池的理论能量密度为 $334W \cdot h \cdot kg^{-1}$，实际能量密度最高可达 $80W \cdot h \cdot kg^{-1}$[27]，相比于其他电池能量密度较低，但开路电压可以达到 1.74V，工作电压也可高达 1.7V 左右，且可以在较高倍率下充电，大大提高了充电速率。锌镍电池的循环寿命通常在 $500 \sim 2000$ 次，若减小充放电电流，循环寿命甚至可以达到 5000 次[28]。另一个突出优点是低温性能良好，由于锌镍电池放电过程为放热反应，可为自身提供热量，使得锌镍电池可以在 $-40℃$ 以下正常使用，低温性能优越。

1.1.2.5 锌溴液流电池

相较于其他电池，锌溴液流电池有几个独特的优势。首先，锌溴液流电池的自发热现象更少，因为其电解液是正负极分开各自循环流动的，处于流动状态的电解液更易于将热量传递出去，更有利于电池系统的散热[29]。其次，锌溴液流电池容量设计可控[30]，其放电的理论容量是由负极的锌负载量来决定的。最后，锌溴液流电池可进行深度放电而不损害电极，当电池放电时，电池负极沉积的锌理论上可以完全溶解到电解液中参与反应，因此锌溴液流电池可以频繁地进行深度放电[31,32]。

此外，锌溴液流电池具有相对较高的工作电压（1.6V），但锌溴液流电池能量密度和功率密度偏低，理论能量密度可达 $430W \cdot h \cdot kg^{-1}$，实际能量密度仅有 $50 \sim 60W \cdot h \cdot kg^{-1}$[33]。且正极的溴会与负极的锌发生自放电反应，含溴电解液对电池存在腐蚀性，循环过程容易使电池外壳等老化。

1.1.2.6 不同体系间特性对比

将二次水系锌基电池不同体系的性能进行对比，如图 1-8 所示。在能量密度方面，锌离子电池、锌银电池、锌空气电池都可以达到很高的能量密度，而锌镍电池和锌溴液流电池的能量密度偏低。在功率密度方面，锌离子电池的功率密度可以达到很高，锌银电池和锌空气电池也处于一个较高的范围，而锌镍电池和锌溴液流电池的功率密度相对较低。在循环寿命方面，锌离子电池的循环寿命范围很大，原因是不同的正极材料在循环寿命上有很大的差别，锌镍电池和锌溴液流电池的循环寿命相对较高，而锌空气电池循环寿命较低，锌银电池在所有电池中循环寿命是最低的。在电池制造成本方面，二次水系锌基电池的成本普遍较低，但由于银的价格昂贵，锌银电池的成本很高。

通过上述比较得出，综合各种电化学性能，锌离子电池和锌空气电池都是新兴的二次水系锌基电池，具有比较明显的优势；而锌银电池是一种研究比较成熟的二次水系锌基电池，它在能量密度、功率密度等方面具有很大的优势，但缺点是循环寿命短、成本高；锌镍电池和锌溴液流电池的研究也相对成熟，虽然在能量密度和功率密度上不占优势，但循环寿命较长，成本较低。

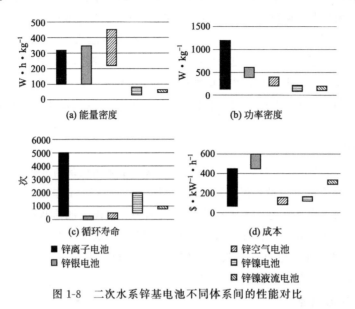

图 1-8　二次水系锌基电池不同体系间的性能对比

1.2　水系锌基电池产业应用概述

与其他电池相比，二次水系锌基电池具有明显的优势。第一，该体系采用的是水系电解液，水本身的成本远远低于现有的酯基、醚基、离子液体等溶剂，降低了制作成本；体系不需要无水、无氧等特殊的制备环境，简化了制作工艺；水系电池不会发生燃烧、爆炸的危险，保证了电池的安全性；水本身是无毒的，且水系电池多具备较高的可回收率，更加绿色环保。第二，体系采用的是锌负极，金属锌的理论比容量高达 $820mA\cdot h\cdot g^{-1}$，且锌离子在化合物晶格中的扩散动力学较为优异；地壳中锌元素丰度极高，且锌质软、化学性质较稳定，便于加工，所以锌基电池的成本较低；锌的电位也很低，在碱性体系下为 $-1.249V$ vs. SHE，酸性体系下为 $-0.762V$ vs. SHE。

基于以上优点，二次水系锌基电池在储能电池、动力电池、柔性器件等方面均有广泛的应用。

1.2.1　储能电池

从广义来讲，储能即能量存储，即将分散、难以可控和难以高效利用的能量形式转换成更便利、更经济可储存的形式，并基于未来应用需求以特定能量形式释放出来。在多种储能技术中，电化学储能的能量密度高，装机规模较大，能量效率高，成本低且安全，是规模储能技术的主要发展方向，未来有着巨大的装机需求。

储能电池需要具备能量密度高、使用温度范围广、循环寿命长等特点。目前已有储能电池体系主要有：铅酸电池、锂离子电池、钠硫电池、全钒液流电池等。在前沿研究中还有许多新型储能电池体系，如镁离子电池、钾硫电池、钠硒电池、氢离子电池、双离子电池、锌离子电池、锌溴液流电池等，在这些体系中，水系锌基电池有很大的发展潜力。

锌离子电池是一种新兴的储能技术，在成本和安全性方面存在着绝对优势，能量密度和功率密度均较高，适用于大规模储能。天津大学电化学储能团队研发的高安全、高性能、高环保的锌锰电池，不存在燃烧和爆炸的风险，电池的能量密度是铅酸电池的 2 倍，功率密度高，循环性好，可以在 −40℃ 的温度下工作，目前已进入国家电网光储能系统，有望在规模储能领域中得到应用。但是，目前在商品化规模应用前仍然面临着许多挑战，如正极材料的溶解、Zn^{2+} 高静电斥力导致其嵌入正极材料过程动力学缓慢、锌负极枝晶的生长、锌负极析氢反应和副产物的生成等。

锌镍电池目前已处于商业应用阶段，纽约城市大学能源研究所于 2009 年开发出锌镍单液流电池，2014 年研制出单体容量 555A·h 的锌镍单液流电池，目前已经组装起了 25kW·h 的储能系统并将之投入规模化应用之中[34]。天津大学电化学团队研发的基于离子选择透过涂层增强锌电极、聚合物电解质以及高可逆镍正极的锌镍电池已在企业成功实现批量化生产，所生产的电池规格最高可达 200A·h。锌镍电池作为一种新型电池，已经初步展现出锋芒，虽然没有被大规模应用于储能领域，但是随着该电池的优越性体现，将很快实现大批量的生产。

锌溴液流电池目前正处于示范应用阶段，处在大规模应用的前期[35,36]。美国 Exxon 公司和 Gould 公司针对锌溴电池体系中存在的问题制订了研发计划，并不断向前推进。日本的 Meidensha 公司大力发展锌溴液流电池，在日本本土实施 1MW×4h 的锌溴电池组示范项目[37]。澳大利亚的 Redflow 公司致力于高性能、低成本的锌溴液流电池系统的商业化开发，目前已在昆士兰大学安装了一台 90kW/180kW·h 的锌溴液流电池储能系统。目前对锌溴液流电池的研发主要集中于美国、日本、澳大利亚，近些年国内也陆续有企业开始从事这方面的开发。北京百能汇通科技股份有限公司通过对关键材料及电堆技术的自主研发，已开发出额定功率为 2.5kW 的单电堆以及 10kW/25kW·h 的储能模块。经过长时间对锌溴液流电池的研究开发，已经取得了显著的进展，在大幅降低成本的同时保障产品的一致性、可靠性和稳定性，结合工程示范积累经验，为后续研发及产业化提供指导，最终实现锌溴液流电池技术在储能领域的大规模应用。

1.2.2 动力电池

动力电池即为工具提供动力来源的电源，多指为电动汽车、电动列车、电动自行车提供动力的蓄电池。动力电池需要具备较高的能量密度，它标志着纯电动模式下电动车的续航能力；还要具备较高的功率密度，它直接影响电动车的动力性能；循环寿命是衡量动力电池性能的一个重要标准，循环次数越多，动力电池的使用时间越长；安全性也是一个需要考虑的重要因素；在保证高性能的同时，还需尽可能降低电池的成本。

目前已有的动力电池体系主要有铅酸电池、锂离子电池、镍氢电池、燃料电池等。除此之外，还有镍镉电池、铁镍电池、钠氯化镍电池、钠硫电池、铝空气电池、锌银电池、锌空气电池等，也均被用作动力电池。在动力电池体系中，水系锌基电池同样具有明显的优势。

锌空气电池正处于实验室研发阶段，具有能量密度大但峰值功率小的特点，结合这一特点，为使锌空气电池能够更容易切入市场，提出了锌空辅助动力的概念，即"电-电混合"，将锌空气电池组与铅酸/锂电并联，在电动车工作时，锌空气电池和铅酸/锂电一起为电动车提供动力，当电动车停驶时，锌空气电池为铅酸蓄/锂电充电。这既解决了原有同等质量电池储能小的问题，同时也解决了锌空气电池峰值功率小的问题[38]。

锌银电池具有较高的比功率，可以大电流放电，且放电电压平稳，在大电流放电时，仍能输出大部分能量，对工作电压也影响不大。通常应用于航空航天以及军事领域，多用在需要重复使用且需要高倍率放电的场合，例如直升飞机、无人驾驶飞机等，在其中起到启动和应急电源的作用。锌银电池具有高电流密度输出的能力，且在常温下锌银电池放电时，电池的放电电压平台区同样非常平稳。当放电倍率不超过 1C 时，锌银电池的放电电压平台非常平稳。单体锌银电池电压的波动范围不超出 20mV，因此锌银电池在对电压的变化范围精度要求高的航天和军事领域有着广泛的应用。

锌镍电池在动力电池方面也有一定的应用，美国 PowerGenix 公司是高性能可充电镍锌电池的世界领先制造商，目前已开始为微型混合动力汽车设计镍锌电池，而且目前公司生产的新型镍锌充电电池已达到美国能源部和汽车工程师协会制定的各项国际安全标准[24]。

锌溴液流电池能量密度高，可深度充放电，常温下即可正常工作，没有安全隐患，可作为车载移动电源。据有关文献报道，装备锌溴液流电池（200W·h·kg^{-1}）的电动汽车，一次充电，行程可达到260km，因此锌溴液流电池可以作为新能源汽车中的动力驱动能源。在电动汽车中，锌溴电池也可用作正常驱动的连续动力源，与超级电容器混合使用[39]。

1.2.3 柔性器件

近年来，随着科技的发展，人们对便携式和可穿戴的电子产品的需求不断提高，为了满足可弯曲、可植入、可穿戴的电子产品的需要，柔性电池的市场也在不断开发。柔性电池需要在保持高性能的同时具有机械灵活性[40]，所以在电池设计过程中需要同时考虑电化学性能和机械性能。

水系锌基电池是柔性器件比较适宜的供能器件，首先大多水系锌基电池都具有高能量密度、高功率密度等优异的电化学性能。其次，由于实际使用中器件需要具备一定的柔性形变，如拉伸形变、扭曲形变、弯曲形变等，以及良好的安全性，水系电池相比于传统的有机体系电池如锂离子电池等具有更高的安全系数[41]。

近年来已经有很多关于柔性锌离子电池的研究，其结构设计主要有三明治型结构和电缆型结构两种[42]。具有三明治型结构的柔性锌离子电池通过与其他能量收集设备（如太阳能电池和纳米发电机）集成，在构建自供电系统方面具有广阔的应用前景，可以连续输出能量来驱动可穿戴或植入式电子产品。Li 等[43] 研究报道了胶体电解液三明治型柔性锌离子电池，通过采用电沉积的 Zn 负极和 MnO_2 正极，实现了 $306mA·h·g^{-1}$ 的比容量。而电缆型的柔性锌离子电池可以编织成织物，为可穿戴储能系统提供了一种很有前途的解决方案。Wang 等[44] 以碳纳米管上制备的 MnO_2 作为正极，聚乙烯醇电解液覆盖的 Zn 线作为负极，制备了电缆型锌离子柔性电池，密度能量达到了 360W·h·kg^{-1}。目前柔性锌离子电池的发展刚刚起步，还将面临一系列的挑战。

　　柔性锌银电池在可穿戴和便携式电子器件中具有得天独厚的优势。然而，锌银电池在制备过程中引入的聚合物黏结剂和过低的循环使用寿命，会严重影响电极材料上活性物质的利用率，进而导致一定的资源浪费，是制约着柔性锌银电池应用的重要因素。

　　在柔性电池的进一步研究中，开发半固态/固态电解质可以有效降低活性水对电池体系的影响，是解决二次水系锌基电池正极溶解、锌腐蚀、钝化和枝晶生长的一种有效途径，并能够更好地推动二次水系锌基电池在柔性及可穿戴设备中的应用。

参考文献

[1] Tang B，Shan L，Liang S，et al. Issues and opportunities facing aqueous zinc-ion batteries. Energy & Environmental Science，2019，12(11)：3288-3304.

[2] Huang Y，Mou J，Liu W，et al. Novel insights into energy storage mechanism of aqueous rechargeable Zn/MnO$_2$ batteries with participation of Mn^{2+}. Nano-Micro Letters，2019，11(1)：1-13.

[3] Sun W，Wang F，Hou S，et al. Zn/MnO$_2$ battery chemistry with H$^+$ and Zn^{2+} coinsertion. Journal of the American Chemical Society，2017，139(29)：9775-9778.

[4] Xu C，Li B，Du H，et al. Energetic zinc ion chemistry：the rechargeable zinc ion battery. Angewandte Chemie，2012，124(4)：957-959.

[5] Zhang N，Dong Y，Jia M，et al. Rechargeable aqueous Zn-V$_2$O$_5$ battery with high energy density and long cycle life. ACS Energy Letters，2018，3(6)：1366-1372.

[6] Wang R Y，Wessells C D，Huggins R A，et al. Highly reversible open framework nanoscale electrodes for divalent ion batteries. Nano Letters，2013，13(11)：5748-5752.

[7] Kasiri G，Glenneberg J，Hashemi A B，et al. Mixed copper-zinc hexacyanoferrates as cathode materials for aqueous zinc-ion batteries. Energy Storage Materials，2019，19：360-369.

[8] Teijelo M L，Vilche J R，Arvia A J. Complex potentiodynamic response of silver in alkaline electrolytes in the potential range of the Ag/Ag$_2$O couple. Journal of Electroanalytical Chemistry and Interfacial Electrochemistry，1982，131：331-339.

[9] 代洪秀. 锌银电池新型锌电极的制备及其电化学性能研究. 哈尔滨：哈尔滨工业大学，2014.

[10] Chang C C，Lee Y C，Liao H J，et al. Flexible hybrid Zn-Ag/air battery with long cycle life. ACS Sustainable Chemistry & Engineering，2018，7(2)：2860-2866.

[11] 孟琳. 锌溴液流电池储能技术研究和应用进展. 储能科学与技术，2013，2(1)：35-41.

[12] Tafur J P，Abad J，Román E，et al. Charge storage mechanism of MnO$_2$ cathodes in Zn/MnO$_2$ batteries using ionic liquid-based gel polymer electrolytes. Electrochemistry

Communications，2015，60：190-194.

[13]　Guo C，Liu H，Li J，et al. Ultrathin δ-MnO$_2$ nanosheets as cathode for aqueous rechargeable zinc ion battery. Electrochimica Acta，2019，304：370-377.

[14]　Khamsanga S，Pornprasertsuk R，Yonezawa T，et al. δ-MnO$_2$ nanoflower/graphite cathode for rechargeable aqueous zinc ion batteries. Scientific Reports，2019，9(1)：1-9.

[15]　Wang C，Wang M，He Z，et al. Rechargeable aqueous zinc-manganese dioxide/graphene batteries with high rate capability and large capacity. ACS Applied Energy Materials，2020，3(2)：1742-1748.

[16]　Jia D，Zheng K，Song M，et al. VO$_2$ • 0.2H$_2$O nanocuboids anchored onto graphene sheets as the cathode material for ultrahigh capacity aqueous zinc ion batteries. Nano Research，2020，13(1)：215-224.

[17]　Zhang L，Miao L，Zhang B，et al. A durable VO$_2$(M) /Zn battery with ultrahigh rate capability enabled by pseudocapacitive proton insertion. Journal of Materials Chemistry A，2020，8(4)：1731-1740.

[18]　Javed M S，Lei H，Wang Z，et al. 2D V$_2$O$_5$ nanosheets as a binder-free high-energy cathode for ultrafast aqueous and flexible Zn-ion batteries. Nano Energy，2020，70：104573.

[19]　Ming F，Liang H，Lei Y，et al. Layered Mg$_x$V$_2$O$_5$ • nH$_2$O as cathode material for high-performance aqueous zinc ion batteries. ACS Energy Letters，2018，3(10)：2602-2609.

[20]　He P，Yan M，Zhang G，et al. Layered VS$_2$ nanosheet-based aqueous Zn ion battery cathode. Advanced Energy Materials，2017，7(11)：1601920.

[21]　Zhang L，Chen L，Zhou X，et al. Towards high-voltage aqueous metal-ion batteries beyond 1.5 V：the zinc/zinc hexacyanoferrate system. Advanced Energy Materials，2015，5(2)：1400930.

[22]　Trócoli R，La Mantia F. An aqueous zinc-ion battery based on copper hexacyanoferrate. ChemSusChem，2015，8(3)：481-485.

[23]　吕霖娜，林沛，韩雪荣. 铝氧化银电池正极材料 AgO 的分解动力学研究. 电源技术，2011，35(8)：976-978.

[24]　李艳. 锌镍电池电极材料氧化锌纳米化与表面包覆及其电化学性能. 杭州：浙江理工大学，2009.

[25]　Pei P，Wang K，Ma Z. Technologies for extending zinc-air battery's cyclelife：A review. Applied Energy，2014，128：315-324.

[26]　洪为臣，雷青，马洪运，等. 锌空气电池锌负极研究进展. 化工进展，2016，35(2)：445-452.

[27]　Zhang L L，Zhao X. Carbon-based materials as supercapacitor electrodes. Chemical Society Reviews，2009，38(9)：2520-2531.

[28]　Cheng J，Zhang L，Yang Y S，et al. Preliminary study of single flow zinc-nickel battery. Electrochemistry Communications，2007，9(11)：2639-2642.

［29］ 苏杭. 新型锌溴液流电池及其关键材料的研究. 大连：大连理工大学，2014.

［30］ 周德璧，于中一. 锌溴液流电池技术研究. 电池，2004，34(6)：442-443.

［31］ Zhao P，Zhang H，Zhou H，et al. Nickel foam and carbon felt applications for sodium polysulfide/bromine redox flow battery electrodes. Electrochimica Acta，2005，51(6)：1091-1098.

［32］ Prifti H，Parasuraman A，Winardi S，et al. Membranes for redox flow battery applications. Membranes，2012，2(2)：275-306.

［33］ Beck F，Rüetschi P. Rechargeable batteries with aqueous electrolytes. Electrochimica Acta，2000，45(15/16)：2467-2482.

［34］ Turney D E，Shmukler M，Galloway K，et al. Development and testing of an economic grid-scale flow-assisted zinc/nickel-hydroxide alkaline battery. Journal of Power Sources，2014，264：49-58.

［35］ Adelusi I，Victor A C，Andrieux F，et al. Practical development of a $ZnBr_2$ flow battery with a fluidized bed anode zinc-electrode. Journal of the Electrochemical Society，2019，167(5)：050504.

［36］ 张华民. 储能与液流电池技术. 储能科学与技术，2012，1(1)：58.

［37］ Fujii T，Igarashi M，Fushimi K，et al. 4 MW zinc/bromine battery for electric power storage. Proceedings of the 24th Intersociety Energy Conversion Engineering Conference，1989：1319-1323.

［38］ 王言琴，朱梅，徐栋哲，等. 锌空气电池产业化发展模式的探讨. 电源技术，2016，40(4)：921-923.

［39］ Yan X，Patterson D. Novel power management for high performance and cost reduction in an electric vehicle. Renewable Energy，2001，22(1/2/3)：177-183.

［40］ Tan P，Chen B，Xu H，et al. Flexible Zn-and Li-air batteries：recent advances，challenges，and future perspectives. Energy & Environmental Science，2017，10(10)：2056-2080.

［41］ Liu J，Chen M，Zhang L，et al. A flexible alkaline rechargeable Ni/Fe battery based on graphene foam/carbon nanotubes hybrid film. Nano Letters，2014，14(12)：7180-7187.

［42］ Yu P，Zeng Y，Zhang H，et al. Flexible Zn-ion batteries：recent progresses and challenges. Small，2019，15(7)：1804760.

［43］ Li H，Han C，Huang Y，et al. An extremely safe and wearable solid-state zinc ion battery based on a hierarchical structured polymer electrolyte. Energy & Environmental Science，2018，11(4)：941-951.

［44］ Wang K，Zhang X，Han J，et al. High-performance cable-type flexible rechargeable Zn battery based on MnO_2 @ CNT fiber microelectrode. ACS Applied Materials & Interfaces，2018，10(29)：24573-24582.

第 2 章

锌金属负极

水系锌基电池的提出和极大发展，很大程度上得益于锌金属的诸多独特性质，包括锌元素较高的丰度、锌金属适中的化学稳定性、锌电极较低的电势电位和较高的质量/体积比容量等。极少有其他金属能够将这些有利因素集于一身。例如：碱金属虽然有相对更高的比容量和更低的电位，但化学活性太高使之无法在常规水基电解液中工作；镁、钙金属不仅存在在水溶液中活性过高的问题，电势电位和比容量特性也劣于锌金属。锌金属对水系电解液的高度适配性，以及能够与锌负极耦合的电化学氧化还原对的丰富选择，极大拓展了水系锌基电池的种类，为开发满足不同应用场景、具有特定电化学特性的水系锌基电池提供可能。因而，系统掌握锌金属负极的特性，辨析锌金属负极存在的问题与挑战，总结归纳相应的应对解决策略，对于开发高性能水系锌基电池至关重要。本章系统介绍锌金属的基础物理和化学特性，概述当前商业锌基电池中主流的锌负极材料，并阐述锌金属负极在水系电解液中的反应机理。在此基础上，着重阐述了锌金属负极在水系锌基电池中面临的副反应（腐蚀、析氢、钝化）和枝晶生长的关键问题，综述了针对这些问题的锌金属负极性能的优化策略，包括锌金属成分设计、表面修饰、结构设计、电解液改性等。

2.1 锌金属的基础特性

2.1.1 锌金属的分布及生产成本

锌在自然界中具有较高的丰度，广泛存在于近岸海水和地壳中，在地壳中的丰度为 $82g \cdot t^{-1}$。锌在自然界中主要以含锌矿物的形式存在，其中硫化矿是最具有工业价值的含锌矿物。硫化矿中有闪锌矿、菱锌矿、硅锌矿和红锌矿等。但是在自然界中存在的单金属硫化矿很少，一般与其他金属硫化矿共生，例如铅锌矿、铜锌矿、铜锌铅矿等。目前，锌矿的开采主要集中在美洲、亚洲和澳大利亚等地区。其中，我国铅锌共生矿的矿产资源丰富，集中在内蒙古、甘肃、湖南、广东、广西、云南等省（自治区）[1]。

锌的冶炼方法主要分为火法冶炼和湿法冶炼两大类。火法炼锌历史悠久，工艺成熟，主要有四种方法：平罐法、竖罐法、电炉法和鼓风炉法。火法炼锌的一个主要特点是先将硫化锌精矿中的硫去除，使其变成氧化锌，然后在高温下用还原剂将其还原为气态锌，再分离气态锌和其他成分，最后冷凝成液态锌。平罐炼锌是最早使用的炼锌方法，具体过程是将氧化锌分三层装入细长的耐火泥罐，两端平放在加热炉中，开口端伸出炉外接冷凝器。这种方法存在劳动量大、工作环境恶劣、热效率低、产量低、回收利用率低、产品质量低、资源浪费严重等问题，在我国已经基本关停。竖罐炼锌是将氧化锌焙砂焦结成团矿，配以冶金焦在竖罐中进行还原，上部加料，上侧部出锌，可连续生产。热效率和产量高于平罐炼锌，劳动环境大为改善，产品质量可达到 99%。电炉法炼锌的特点是利用电能在炉子内部加热炉料，可连续蒸馏出锌，占地较小，但是电能消耗很大。鼓风炼锌的特点是可以处理铅锌混合矿料，将烧结成块的铅锌矿与冶金焦一块加入鼓风炉中，被直接加热，还原产生的锌蒸气从炉顶排出，进入冷凝器，冷却析出液体锌。由于是炉内直接加热，其热效率和生产效率进一步提高，在 20 世纪 60 年代迅速发展，成为火法炼锌的主体方法。但是它本身也存在一些缺点，如产品中含铅量高、产生很多有害气体、净化处理复杂等，随着社会环保意识增强，鼓风法逐渐受到限制，逐步让位于湿法炼锌。

湿法炼锌能耗相对较低，生产易于机械化和自动化，自 20 世纪 70 年代以后，湿法炼锌逐渐取代了火法炼锌。湿法炼锌包括 4 个主要工序：硫化锌精矿焙烧、锌焙砂浸出、浸出液净化去除杂质和锌电解沉积。该方法的原理是将硫化锌精矿焙烧成为氧化锌，溶于稀硫酸，然后分离，最后通过电沉积的方法将锌提取出来。湿法炼锌所得到的锌品位较高，对环境产生的污染容易控制，总回收利用率比较高，已成为当今最主要的炼锌方法。

锌金属的价格主要决定于锌矿的采选和锌的冶炼成本。目前，我国大型锌冶炼企业的冶炼成本平均为 4000 元/t，主要包括能耗、材料维修、材料消耗、工资、折旧等方面的费用。其中能耗为最主要的花费，一般锌电解直流电耗约 2800kW·h·t^{-1}，完全交流电耗约为 3700kW·h·t^{-1}。在锌矿采选成本方面，以铅锌矿为例，铅锌矿的采选成本包括采矿、选矿、原矿运输等。采矿成本根据不同采矿方法、不同开拓方式、排水量大小等都有所变化。选矿成本也会受到矿物粒度、矿石含泥程度、药剂消耗量、尾矿输送距离等因素的影响。同时，根据采矿贫化率和选矿回收率以及原矿品位不同，采选成本也会不同。一般大于 10% 的大型锌矿的精矿成本为 2000~2500 元/t，随着锌矿品位降低采选成本会随之上升。综合来说，国内大部分锌精矿的成本为 3500~4000 元/t[2]。

2.1.2 锌金属的物理特性

锌金属的颜色为银灰色，熔点和沸点都比较低，分别为 419.5℃ 和 907℃，其晶体结构为密排六方结构，点阵常数 a 和 c 分别为 0.2664nm 和 0.4947nm，轴比 c/a 为 1.856，这个值比该体系的理论值 1.633 大。每个锌原子有 12 个临近原子，其中 6 个原子间距为 0.2664nm，另外 6 个为 0.2907nm，使得六方基面内的原子键强于基面间的原子键，因此该晶体具有许多形变特性和各向异性。

在多晶体锌的晶粒结构中，晶体的晶面取向多依赖铸造和锻造加工条件：铸造产品中，<0001> 晶向垂直于柱状晶体晶轴；线状材料中，(0001) 晶面平行于拉伸线轴向；带状材料中，(0001) 晶面平行于轧制带材方向，而 <1120> 晶向在 20℃ 时平行于带材轧制方向[3]；在锌的热镀层中，(0001) 基面主要平行于基底钢材的表面[4]。更多物理特性见表 2-1[5,6]。

表 2-1　锌的物理特性

性能		数值
原子序数		30
原子量		65.38
密度	25℃	$7.14 g \cdot cm^{-3}$
	419.5℃（固态）	$6.83 g \cdot cm^{-3}$
	419.5℃（液态）	$6.62 g \cdot cm^{-3}$
	800℃	$6.25 g \cdot cm^{-3}$
熔点		419.5℃
沸点（760mm Hg）		907℃
热导率	18℃	$113 W \cdot (m \cdot K)^{-1}$
	419.5℃（固态）	$96 W \cdot (m \cdot K)^{-1}$
	419.5℃（液态）	$61 W \cdot (m \cdot K)^{-1}$
	750℃（液态）	$57 W \cdot (m \cdot K)^{-1}$
线膨胀系数	单晶体沿 a 轴	$14.3 \times 10^{-6} K^{-1}$
	单晶体沿 c 轴	$60.8 \times 10^{-6} K^{-1}$
	多晶体	$39.7 \times 10^{-6} K^{-1}$
体积热膨胀系数	120~360℃	$0.85 K^{-1}$
	20~400℃	$0.89 K^{-1}$
	419~543℃	$150 K^{-1}$
凝固收缩（419.5℃）		4.48%
比热容	固态（25~419.5℃）	$c_p = 22.4 + 10.5 \times 10^{-3} TJ \cdot mol^{-1}$
	液态	$31.40 J \cdot mol^{-1}$
	气态	$20.80 J \cdot mol^{-1}$
熔化潜热（419.5℃）		$7.28 kJ \cdot mol^{-1}$
蒸发潜热（907℃）		$114.7 kJ \cdot mol^{-1}$
潜热	25℃（固态）	$25.4 J \cdot mol^{-1}$
	419.5℃（液态）	$31.4 J \cdot mol^{-1}$
电阻率	20℃（固态）	$5.96 \mu\Omega \cdot cm$
	419.5℃（液态）	$37.4 \mu\Omega \cdot cm$
电阻率的温度系数	0~100℃	$4.19 \times 10^{-3} K^{-1}$
	−170~25℃	$4.06 \times 10^{-3} K^{-1}$
表面张力	419.5℃（液态）	$782 mN \cdot m^{-1}$
	450℃	$755 mN \cdot m^{-1}$
	500℃	$751 mN \cdot m^{-1}$
	543℃	$741 mN \cdot m^{-1}$
电离电势	第一层	9.39eV
	第二层	17.87eV
	第三层	40.0eV
液体黏度（700K）		$3.737 mPa \cdot s$

2.1.3 锌金属的化学特性

锌的化学特性包括化学性能和电化学性能。化学性能指的是锌与其他非电解质通过电子交换作用的能力，特点是非电解质中的氧化剂与锌表面的原子发生氧化还原反应，没有电子参与反应，从而无电流产生。锌的化合物通常是二价，其价键构造既有共价键又有离子键。锌在空气中与氧气发生反应形成氧化锌，即化学腐蚀，其反应是：

$$2Zn+O_2 \longrightarrow 2ZnO \qquad (2-1)$$

$$Zn+H_2O \longrightarrow ZnO+H_2 \qquad (2-2)$$

$$Zn+CO_2 \longrightarrow ZnO+CO \qquad (2-3)$$

上述这种锌的氧化腐蚀反应在室温下进行得非常缓慢，温度达到 200℃时，反应明显，加热到 400℃以上则反应进一步加速，但是经过 500h 持续加热，锌表面的氧化锌薄膜也不发生明显变化，肉眼无法看出变化。氧化锌的体积比锌大 0.44 倍，氧化锌薄膜致密且与锌表面结合紧密，阻止了氧继续向内扩散，起到保护锌的作用，但是氧化锌生长到一定厚度，体积膨胀从而使得氧化锌从表面开裂、脱落。除此之外，锌还能与氟、氯、溴、碘等发生反应，与磷、硫在加热时发生反应，发生爆炸。锌不与氮、氢、碳发生作用。从上述反应可见，锌通常在常温下由氧化反应造成的腐蚀并不严重，决定其腐蚀程度的是其电化学反应。

将一种金属浸入含酸、碱或盐的电解质水溶液中，金属表面活性较高的金属离子处于一种较易脱离金属表面的状态，会与溶液中水的极性分子相互作用发生水合，如果水合时产生的水合能足以克服金属晶格中金属离子与电子间的引力，则一些金属离子将会从金属表面脱离下来，进入与金属表面相接触的溶液中而形成水合离子，组成正电层。金属表面附近的电子不能进入溶液而留在金属表面形成负电层，这样就在金属表面形成了双电层，使金属与溶液间产生电位差，这种电位差被称作"电极电位"，它可以表征金属溶入电解质溶液中变成金属离子的趋势，电负性越强的金属，它的离子溶入溶液中的趋势越大，越容易发生反应而受到侵蚀。电极电位是金属处在电解质溶液中在热力学上稳定性的一个简单明确的判断标准。

大多数天然介质及酸、碱、盐的溶液是电解质，锌置于其中后决定其腐蚀行为的是电极和电解液之间的电极电位。这种电化学反应的特点是氧化反应过程中有自由电子参加，一对共轭的氧化还原反应在空间上是分开的，例如锌在水溶液中的腐蚀过程为：

$$Zn+2H_2O \longrightarrow Zn(OH)_2+H_2 \qquad (2-4)$$

它由两个有电子参加的反应构成：

$$Zn \longrightarrow Zn^{2+}+2e^- （氧化反应） \qquad (2-5)$$

$$2H^++2e^- \longrightarrow H_2 （还原反应） \qquad (2-6)$$

此外，锌金属独特的电化学性能，锌电极的电位较负，在碱性电解质中可提供的工作电压为 $-1.245V$，理论比容量为 $826mA \cdot h \cdot g^{-1}$，具有价格低，毒性小的优势，作为金属空气电池负极具有广阔的发展前景。

2.2 常用的锌金属负极

商业锌基电池常用的锌金属负极主要有锌筒、锌粉和锌箔等，其中锌筒主要应用于中性锌锰电池，锌箔主要应用于锌银电池中的激活式贮备电池，而锌粉应用广泛，在锌锰电池、锌氧化汞电池、锌银电池和锌空气电池中均存在应用[7-11]。

2.2.1 锌筒

锌筒（图 2-1）主要作为中性锌锰电池的负极材料。在中性锌锰电池中，锌筒不仅是电池的负极，还充当电池的容器和负极的集流体。负极锌筒有焊接锌筒和整体锌筒之分。焊接锌筒是按不同电池规格的尺寸要求，裁好锌皮，用焊锡进行焊接（280～320℃），然后对锌筒进行除油和酸洗[10,12,13]。目前，中性锌锰电池中大多采用整体锌筒，整体锌筒是用小块锌饼在模具中挤压成锌筒，这种锌筒厚度均匀，在电池放电过程中腐蚀均匀，生产效率高[13,14]。

图 2-1　电池用锌筒

直接采用锌筒作为负极，电池的自放电现象比较严重，影响电池的贮存和使用。汞是析氢过电势很高的金属，在锌筒中添加少量汞是减小锌负极自放电速度的有效方法。汞可以与锌形成锌汞齐，使锌极表面比较均匀，增加电化学反应的活性面积，降低电化学极化，减少锌筒在使用过程中的自放电现象，能够极大地提高电池的放电性能和贮存性能[15-18]。制备锌汞齐的方法是在电解液中加入 0.05%～0.5% 的升汞（氯化汞），使锌筒和电解液充分接触，在负极锌表面形成锌汞齐[13,14]。但是，汞是剧毒物质，对人体和环境存在极大的危害，考虑到环保的要求，含汞电池逐步被淘汰。现今，新开发的无汞电池主要是在锌负极中添加新型缓蚀剂以替代汞的作用或者以锌合金粉代替锌金属负极[19,20]。

在实际电池生产中会在锌筒中加入少量的镉（0.2%～0.3%）和少量的铅（0.3%～0.5%）。镉能提高负极锌筒的强度，铅能改善负极锌筒的延展性，同时铅和镉均能提高锌负极上的析氢过电势，抑制锌负极在电解质中的自放电反应[9,10,13,14]。

2.2.2 锌粉

锌粉（图 2-2）是商业锌基电池中应用最为广泛的负极材料，在锌锰电池、锌氧化汞电池、锌银电池和锌空气电池中均存在应用[7,12-18,20,21]。

图 2-2　锌粉

（1）锌锰电池

为了提升锌锰电池的贮存性能，降低锌锰电池中锌负极的自放电，最早使用的中性锌锰电池中通常加入汞来提高锌负极的析氢过电势，进而降低电池的负极自放电[15-18]。但由于汞是剧毒物质，对人体和环境存在极大的危害，考虑到环保的要求，含汞电池逐步被淘汰，无汞锌锰电池应运而生。

锌合金粉的粒度及其分布会直接影响无汞锌锰电池的性能。粒度粗大，电池深度放电后

ZnO 扩散困难，容易引起锌负极钝化；锌合金粉粒度过细，比表面积大，锌粉活性过大，会增强析氢反应活性，使得电池自放电现象严重，影响电池的贮存性能并导致爬碱。在制备过程中，一般选用粒度范围在 $75 \sim 500 \mu m$ 的锌合金粉[20,21]。

锌合金粉的制备方法有喷雾法、化学置换法和电解法等。电解法和化学置换法尚未工业化，喷雾法已实现了大规模生产。喷雾法的生产工艺是将纯锌熔融后，加入合金元素 In、Bi、Al、Ca 或 Pb 等，在喷雾装置中雾化后进行筛分得无汞锌合金粉[22-24]。

电解法制备锌合金粉的工艺是以铝粉作阴极，锌板作阳极。电解液成分为 $ZnCl_2$ 120～160g·L^{-1}，H_3BO_3 25～30g·L^{-1}，配位体 150～200g·L^{-1}，添加 Pb^{2+}、Cd^{2+}、In^{3+} 各 0.05～0.08g·L^{-1}。控制 pH=4.5～5.0，阴极电流密度 20～30A·dm^{-2}。阴极与阳极面积比为 1:2～1:3。将电解所得锌合金粉定期从阴极刮下，洗涤风干后研碎得到无汞锌合金粉[22-24]。

碱性锌锰电池与中性锌锰电池相比，具有电压高、放电比容量大、能量高、重负荷放电能力强、低温性能好、贮存性能好等优势[25-30]。碱性锌锰电池主要有纽扣形和圆筒形两种结构（图 2-3）。这两种结构使用的锌负极分别采用了不同的成型工艺[9,10]。纽扣形碱性锌锰电池主要采用锌粉成型方式制备锌负极，将锌粉压制成片状装配在电池中。圆筒形碱性锌锰电池的负极大多采用胶体成型的方式将锌粉与稠化剂混合制成锌膏，锌膏被压成圆柱体装配在电池钢筒中间[13,14]。胶体成型可使锌颗粒间隙内离子易于流通，从而提高锌的利用率，并且使得该电池具有良好的低温性能。但是碱性锌锰电池的锌负极，也存在表面钝化现象，因此要尽量增大锌负极表面积。同时，还要采用高纯度锌粉，加入适当的缓蚀剂，防止锌负极在贮存和使用过程中发生自放电[31,32]。

在碱性锌锰电池的这两种电池结构中，锌粉和锌膏负极的制造工艺如下[33-42]。

a. 锌粉负极制备工艺：锌负极片制造采用压成式。将活性锌粉、氯化锌、黏结剂 CMC、糊化剂 PTFE、PVA 等混合均匀，在模具内以铜网为骨架，加入混合料，以 9.8～19.6MPa 压力压成锌负极薄片。

b. 锌膏负极制备工艺：如图 2-4 所示，向负极锌粉中加入 1%～4% HgO（相对锌粉质量），并加入用 KOH 溶解的 1% CMC（相对锌粉质量）黏结剂，搅拌成锌膏。

图 2-3　碱性锌锰电池结构

图 2-4　锌膏负极制备工艺[9]

（2）锌氧化汞电池

锌氧化汞电池体积比能量高，贮存性能优良，是常用电池中放电电压较平稳的电源之一。主要为小型医疗仪器、助听器、电子手表、袖珍计算器等提供直流电源。锌氧化汞电池以汞齐化锌粉为负极，含汞量约 10%（质量分数）。锌氧化汞电池的锌负极制造有锌膏式、压结式和锌箔式等。其中，压结式由汞齐化锌粉压制而成；锌箔式是由锌箔和隔膜纸卷成的螺旋式电极；锌膏式电极是按配比 $m(ZnO):m(KOH):m(H_2O)=100:16:100$ 配成碱液，按配比 m（碱液）：m（CMC）＝100：3.3 制成糊化液，在糊化液中加入汞齐化锌粉混匀得到锌膏，将锌膏涂在导电网上得锌负极。制备锌膏的关键是汞齐化锌粉的制备，最常用的方法是化学置换法，其制造工序为：汞齐化→盐酸→浸泡→洗涤烘干[9,13,14]。

汞齐化：将锌粉加到 $HgCl_2$ 溶液中时，会生成锌汞齐。

$$Zn + HgCl_2 \longrightarrow ZnCl_2 + Hg \tag{2-7}$$

$$Zn + Hg \longrightarrow Zn(Hg) \tag{2-8}$$

之后，可加入 KOH 检验汞齐化反应是否完全：

$$Hg^{2+} + 2OH^- \longrightarrow HgO\downarrow（黄色）+ H_2O \tag{2-9}$$

盐酸浸泡：将已经汞齐化的锌粉用 1：1 盐酸浸泡，除去锌粉表面的 ZnO。

$$ZnO + 2HCl \longrightarrow ZnCl_2 + H_2 \tag{2-10}$$

洗涤：用水洗去浸泡后锌粉中的 Cl^-，可用 $AgNO_3$ 检验是否洗涤完全。

$$Ag^+ + Cl^- \longrightarrow AgCl\downarrow \tag{2-11}$$

将洗涤后的锌粉迅速抽滤，水分抽干后加少许酒精继续抽滤，再真空干燥。汞齐化锌粉中控制含汞量 12%～15%（质量分数），视密度为 1.6～2.0g·cm^{-3}。锌氧化汞电池的电压非常稳定，受温度影响小，贮存时间长，在 20℃下存放 3～5 年容量损失仅 10%～15%，活性物质利用率接近 100%[9]。

（3）锌银电池

锌银电池，以氧化银（AgO 或 Ag_2O）为正极，锌（Zn）为负极，KOH 的水溶液为电解液。锌银电池有一次电池、二次电池和贮备电池三种类型[10]。采用锌粉作为锌负极的锌银电池主要包括锌银一次电池和锌银二次电池。

① 锌银一次电池

图 2-5 锌银一次电池

锌银一次电池（图 2-5）一般设计为密封的扣式电池，电池装配时在负极帽一端填充锌粉。一次锌银电池具有非常高的比能量，放电电压十分稳定，开路电压为 1.58V，是高性能电池之一[43]。锌银电池的输出电流为微安级，主要用于小电流连续放电的微型电器，如石英电子手表、计算器、助听器、照相机和超小型测量仪等。

② 锌银二次电池

锌银二次电池又称锌银蓄电池。锌银二次电池的负极由导电骨架与锌粉构成。锌银二次电池的质量比能量和体积比能量均位列所有实际使用的二次电池之首。锌银二次电池的开路电压约为 1.86V[44,45]。但锌银二次电池的循环寿命短，低温性能差，并且价格高，其使用领域非常有限，仅用于军事、国防、航天航空等尖端科技领域。

锌银电池的负极原料一般是金属锌粉或氧化锌粉。由于平板锌易于钝化，一般不被用作蓄电池的电极材料。而用锌粉制成的锌电极，具有很大的表面积，其真实电流密度比平板锌电极上的电流密度小得多。为了提高锌电极上的氢过电势，和其他电池的活性锌电极一样，也在活性物质中加入一定量的缓蚀剂，以减少氢气的析出[43,46]。锌银电池使用的锌电极大致分为四种类型：涂膏式锌电极、粉末压成式锌电极、烧结式锌电极和电沉积式锌电极[10]。它们的制造方法如下[10,13,14]。

涂膏式锌电极是将一定比例的氧化锌粉和金属锌粉混合，并加入适量的黏结剂（如聚乙烯醇水溶液），调成膏状，涂于银网骨架上，模压成型。具体工艺如下：根据不同产品的具体要求，按氧化锌 65%～75%、锌粉 25%～35%、氧化汞 1%～4% 的配比混合均匀（加锌粉的目的是改善电导率，提高化成时的充电电流），加入黏结剂聚乙烯醇溶液（100g 负极物质加 35～40mL 3% 的聚乙烯醇溶液），调成膏状，在铺有耐碱棉纸的模具内，以银网（或用银箔冲制成的切拉式导电网）为导电骨架。

根据电极的容量和活性物质利用率，称取一定量锌膏进行涂片（在锌银电池中，锌负极活性物质多是过量的，一般在中等放电率下，负极活性物质利用率可达 80%～85%），将包有棉纸的锌极，在室温下晾干或在 40～50℃ 烘箱中干燥到一定程度，然后根据对极板孔隙率要求（高速率放电的电极孔隙率为 80% 左右，一般电极孔隙率为 40% 左右），控制极板厚度，在 39200kPa 左右加压后，在 50～60℃ 烘箱中烘干。

所得负极片一般即可直接用于装配电池。但如果用于一次电池或干式荷电电池，尚需进行化成处理。负极片的化成工艺为：在 5% KOH 溶液中，采用镍板为辅助电极，负极片外包以经过皂化处理的三醋酸纤维素膜，并采用多孔聚乙烯类的惰性隔膜，电极在电解液中浸泡 1～2h 后，以 15mA·cm^{-2} 的电流密度进行充电，充电时间以全部氧化锌被还原为金属锌计算。化成后的锌极，经洗涤、模压（控制一定厚度）、干燥后，密闭贮存备用。

粉末压成式锌电极是将干态的氧化锌粉、黏结剂（如聚四氟乙烯或聚乙烯醇）和添加剂等的混合粉末直接压在金属导电骨架上模压成型而得到的。未经化成的粉压电极，其强度较差，可用隔膜把粉压电极包封住，以增加其强度。

烧结式锌电极的制造方法是在氧化锌饱和的 25% KOH 电解液中，以纯锌板为阳极，在阴极上电沉积出锌粉，阴极电流密度约 100mA·cm^{-2}，定时刮下电解出的锌粉，经洗涤、干燥、研磨过筛（100 目）后，制得锌负极原材料电解锌粉。电解锌粉比表面积大，活性高，在尚未干燥前若与空气长时间接触，就会迅速被氧化，甚至燃烧。因此电解锌粉一般都在真空干燥箱中，50～60℃ 下真空干燥，其氧化度一般控制在 2%～4%。

称取所需电解锌粉，在模具内以银网为骨架，铺料，加压成型。压力为 9800～14700kPa，以控制好极片厚度为准。压好的极片在高温炉中进行烧结，制成极片。烧结温度与升温速度影响极片质量，若升温太快，极片易被烧裂。一般从室温经 3h 左右升至 340～380℃，然后保持温度烧结 0.5h，停止加热后自然降温。烧结制成的极片不需化成，可直接用于装配电池。

与涂膏式或氧化锌粉压成的锌电极相比，电解锌粉烧结式锌电极具有电化学活性较高、工艺简单、不用化成且强度好等特点，适用于高速率放电的一次电池。而涂膏式或氧化锌粉末压成的锌电极，活性物质的循环性能较好，常用于二次电池中。

电沉积式锌电极采用的电沉积法所制造的锌电极强度较好，孔隙率较大（55%～65%），电极厚度很薄（约 0.25mm），具有大的活性表面，特别适用于短时间大电流密度放电的场合，用于导弹自动激活式锌银电池是非常合适的。电沉积式锌电极的制造过程是先在专用的电镀槽内将锌镀到准备好的金属骨架上，再将制得的锌电极干燥、辊压，可制成要求厚度和密度的电极。制造电沉积式锌电极所需的基本设备是电镀槽、固定网架、辅助电极用的固定框架、适用的电源设备和压机等。电镀槽、网架、框架等均由有机玻璃板制成，它们的大小由极板的尺寸决定，每只镀槽中一般一次只镀一片，所以往往将镀件设计得大一些。这样，可以在镀成的电沉积式锌电极上冲切得到多片单个电极。为了在阴极上生成海绵状锌，必须控制电沉积过程在极限电流密度下进行。由于锌阳极在高电流密度下有钝化倾向，需要采用不溶性阳极。在阴极上放电的锌离子完全由溶液中的 ZnO 以 $Zn(OH)_4^{2-}$ 的形式供给。

电镀槽的阳极是按一定尺寸将市售镍网（或镍片）裁剪成镍网片，并把它固定在辅助电极用框架（该框架与阴极框架相同）中。阴极是按一定尺寸从合适的切拉银网上冲切而成的银网片，并在其上点焊一根银箔导电片，然后将其固定在阴极镍网架中。在电镀槽内加入适量的电镀液（含有 $35g \cdot L^{-1}$ ZnO 的 45% KOH 水溶液），装入银网框架和两片镍网框架，使前者位于后二者的中间，并保持一定距离。银网的顶部比液面低 2.5cm，且它的四周不得超出镍网。固定好框架后，将银网和镍网的导电片分别和电源的负端和正端连接，接通电源。电镀温度控制在 20~35℃，电流密度为 120~160mA $\cdot$ cm^{-2}。电沉积锌的质量由串联在线路中的安时计控制。电流强度按电极面积计算，在所设定的电流密度范围内，按每通入 1A $\cdot$ h 的电量可沉积 1.22g 锌计算银网上沉积的锌量。当达到要求的锌量时，断开电源，取出银网框架，用自来水冲洗至中性，再用蒸馏水浸洗，然后用乙醇浸泡。最后从框架中取出镀好的电极片，放入压机中加压至要求的厚度。其压力大小根据电极孔隙率要求而定。加压定型的锌极在真空干燥箱中进行干燥，真空度 9.8×10^4 Pa（740mmHg），温度 80℃。干燥后的锌极（氧化度约 2%）密封备用。

为了降低锌粉自放电，可在电解液中加入少量铅的化合物（如 $1g \cdot L^{-1}$ 醋酸铅），产生 Zn-Pb 共沉积，这使锌电极的自放电速度大为降低。此外，电解液由于铅离子的加入，也变得比较稳定，这使电沉积过程比较容易控制，不易生成发亮的比表面小的锌粉。但电沉积式锌电极的制备需要消耗大量电能，因此，一般只用于高速率放电的一次贮备电池。

锌银扣式电池负极的制造与上述工艺不同，锌银扣式电池的负极片由汞齐化锌粉制成。有锌粉式、压片式和涂膏式三种制备方法。

a. 锌粉式：将汞齐化锌粉，加入黏合剂（CMC 或羧甲基纤维素），混合，干燥，过筛后，加入装配密封圈的电池盖中，滴入电解液，经渗碱即可。

b. 压片式：将加入黏合剂的汞齐化锌粉模压成型。

c. 涂膏式：将汞齐化锌粉加入电解液，调成锌膏，挤入已装好密封圈的电池盖中即可。

（4）锌空气电池

锌空气电池，是以空气中的氧气作为正极活性物质，锌为负极活性物质的电池。锌空气电池具有比能量高、工作电压平稳、安全性好等优点，已经被用作便携式通讯机、雷达以及江河航标灯的电源[41]。

锌空气电池锌负极的制备有压成法、化成法、涂膏法、烧结法、电沉积[9,13,14]。

a. 压成法：在汞齐化锌粉中按质量分数加入 2% 植物纤维素及 0.5%~1% 的 PTFE 乳液，混匀，放入模具，中间夹导电网。粉料外包一层耐碱绵纸，加压至 20MPa，即成电极。

b. 化成法：化成法工艺流程如图 2-6 所示。

上述工艺的粉配比为 m(ZnO 粉)：m(Zn 粉)：m(HgO)=85%~95%：5%~15%：1%~4%。

c. 涂膏法：将锌粉、添加剂和黏结剂调成膏状，涂在导电网上制成锌电极。

d. 烧结法：将海绵状电解锌粉压制成型，在还原性气氛中烧结而成。

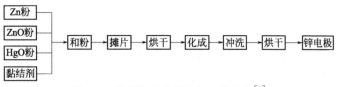

图 2-6　化成法生产锌负极工艺流程[9]

e.电沉积法：以高纯锌片作阴极，镍网作不溶阳极，在质量分数为 45% 的 KOH 中加 ZnO 35g·L^{-1} 作电解液，控制在极限电流密度下（约 0.15A·cm^{-2}）得海绵状锌粉。为了降低锌粉自放电，可加少量 Pb(Ac)$_2$ 到电解液中。所得锌粉连同阴极基板放入模具中压成电极，清洗，经真空干燥而成。

2.2.3　锌箔

图 2-7　锌箔

锌箔式锌金属负极（图 2-7）主要在锌银电池中的激活式贮备电池中使用。

激活式贮备电池是较大规模的锌银一次电池，一般做成贮备电池，电极以充电状态装配在电池中，不注入电解液，能长期保存，电性能却不会有很大变化。一旦需要，即可自动注入电解液进行激活，使电池在极短的时间内进入工作状态。锌银贮备电池可以快速被激活（一般在 0.5s 以内），并以高速率放电。贮备电池采用电沉积式锌负极，或采用 0.05～0.10mm 厚度的穿孔锌箔。为保证高放电率时的性能，要求贮备电池的电极孔隙率较高，锌板较薄，通常在锌板上压有凹槽。锌银激活式贮备电池主要用于导弹、鱼雷以及其他宇宙空间装置中，作为战备贮备能源[41]。

2.3　锌金属负极的反应机理

锌金属的氧化还原电位低，在水系电解质中具有良好的可逆性，是一种优异的水系电池负极材料。但是，锌负极的化学反应特性会对水系锌基电池的性能产生极大的影响。本节将从不同 pH 区间锌金属的反应和水溶液中锌离子的配位结构两方面，对锌金属负极的沉积和溶解反应机理进行说明。

2.3.1　电化学反应机理

Zn 在水溶液中是热力学不稳定的，在不同的 pH 值下存在不同的平衡相[47]。图 2-8(a) 是 Zn 在水环境中的 Pourbaix 图，该图显示了 Zn 在水溶液中可能存在的稳定（平衡）相。在整个 pH 范围内，Zn 都是易于溶解的，并且溶解过程伴随 H$_2$ 的释放。在酸性条件（pH<4.0）下，锌具有较高的溶解度，易于溶解为 Zn^{2+}。在 5.0<pH<8.0 下，与强酸溶液相比，锌的溶解相对较慢，这是因为其具有较高的电势和较低的腐蚀活性[47,48]。在中性或弱碱性溶液（8.0<pH<10.5）下，Zn 的溶解度降低，并生成更稳定的 Zn 腐蚀产物［例如 Zn(OH)$_2$］，反应式表示为：

$$Zn+2OH^- \longrightarrow Zn(OH)_2+2e^- \tag{2-12}$$

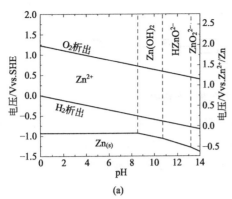
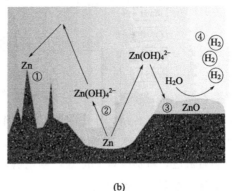

图 2-8　Zn-H$_2$O 体系在 25℃时的 Pourbaix 图 （a） 及锌电极可能出现的四个主要问题 （b）

①枝晶生长；②形状变化；③钝化；④析氢

在碱性环境中 （pH＞11），锌的溶解度再次增加，并且有利于形成锌酸盐离子 ［例如 Zn(OH)$_4^{2-}$］，此过程中，氧还原反应主导着阴极腐蚀过程。与中性或弱酸性溶液中的电化学行为不同，锌电极在碱性电解质 ［ZnO-Zn(OH)$_4^{2-}$-Zn］ 中经历固-固-固的转变，其中面临着一系列挑战：a. 放电产物 ZnO 会钝化锌的表面，降低了锌活性物质的利用率；b. 锌的不均匀溶解和沉积发生在电极表面的随机位置，导致连续循环后严重的电极形态变化和枝晶生长[48]。碱性介质中的阳极反应由以下反应方程式表示：

$$Zn+4OH^- \longrightarrow Zn(OH)_4^{2-}+2e^- \tag{2-13}$$

$$Zn(OH)_4^{2-} \longrightarrow ZnO+H_2O+2OH^- \tag{2-14}$$

锌负极在电池工作期间主要存在四个问题限制其放电性能 ［图 2-8（b）］，包括：枝晶生长，形状变化，表面钝化和析氢问题[49]。在碱性电解质中锌电池的析氢情况比中性锌电池严重得多[50]。碱性电解质中的 Zn/ZnO 标准还原过程和析氢化反应（HER）可通过以下方程式描述：

$$Zn+2OH^- \rightleftharpoons ZnO+H_2O+2e^- \tag{2-15}$$

$$2H_2O+2e^- \rightleftharpoons 2OH^-+H_2 \tag{2-16}$$

Zn/ZnO 的标准还原电位 （－1.26V） 远高于 HER （－0.83V） 反应电位。HER 过程在热力学上是有利的，并在锌基电池的使用过程中不可避免地会发生氢气的析出，从而导致循环过程中锌和电解质的消耗。并且 HER 会消耗一些转移到锌阳极的电子产生氢气，这种副反应的发生使得锌电极的库仑效率降低[50]。

2.3.2　锌离子的溶剂化结构

一般来说，Zn^{2+} 在温和的水溶液中是由六个偶极水分子配位的，其中锌离子主要以 ［Zn(OH$_2$)$_6$］$^{2+}$ 的形式存在 （图 2-9）。溶剂化效应促使 Zn^{2+} 的电荷通过 Zn—OH$_2$ 键转移，显著削弱了由配位水的 3$_{a1}$ 成键分子轨道上的电子转移到未占据的 Zn^{2+} 轨道上所形成的 OH 键。这种溶剂型结构对水溶液的 pH 值非常敏感。在碱性介质中，溶剂 ［Zn(OH$_2$)$_6$］$^{2+}$ 中的弱氢氧键容易被强氢氧键吸引，并有足够的氢氧离子形成 Zn(OH)$_2$ 络合物。进一步脱质子作用，在强碱性环境中，金属阳离子配体内的所有质子被消除，单体物种 Zn(OH)$_2$ 可以转化为 Zn(OH)$_4^{2-}$，甚至过氧阴离子配位的 ZnO$_2^{2-}$。与碱性环境相比，弱酸性介质有利于 Zn^{2+}

以［Zn(OH₂)₆］²⁺的形式存在。

由于电解质的种类和 pH 值对电池的电化学性能起到重要的影响，寻找合适的电解质体系对于开发高性能锌基电池至关重要。水性电解质的使用具有许多优点，例如高安全性、低成本、易于电池组装，最重要的是高离子电导率，这对于锌基电池的高倍率性能至关重要。传统上，锌基电池以 KOH 或 NaOH 碱性水溶液为电解质（例如可充电碱性 Zn-MnO₂ 或 Ni-Zn 电池）[51]。然而，含水碱性电解质的主要问题是锌电极的高溶解度和腐蚀[52]。考虑到锌的高腐蚀反应性，选用中性或酸性电解质水溶液具有以下优点：a. 减少锌枝晶的形成，产生高库仑效率；b. 减少对锌阳极的腐蚀，对于长期循环稳定性是有利的；c. 与有机电解质相比，具有安全性高、成本低、离子导电率高的特点。

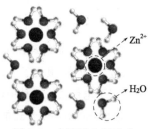

图 2-9　水溶液电解质中
Zn²⁺ 的配位环境

锌盐及其在电解液中的浓度对水性锌电池的电化学性能产生深远的影响。迄今为止，已经探究了包括 ZnSO₄、Zn(NO₃)₂、Zn(CH₃COO)₂、ZnF₂、Zn(ClO₄)₂、ZnCl₂ 和 Zn(CF₃SO₃)₂ 的锌盐[53]。报道称硝酸根离子是强氧化剂，会氧化锌箔阳极并降低六氰合铁酸铜阴极的性能，而 Zn(ClO₄)₂ 具有更高的锌溶解/沉积过电势[54]。乙酸锌是食品添加剂中常用的添加剂，具有良好的环境相容性，但是，其性能一般无法支持其广泛应用。ZnF₂ 和 ZnCl₂ 它们的应用分别受限于在水中的低溶解度和 Cl⁻ 的不稳定性。最适宜的锌盐是 ZnSO₄，它的成本低，在水中的溶解高并具有出色的电池性能。

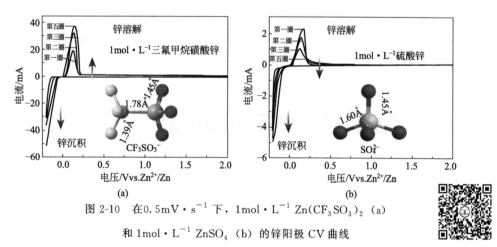

图 2-10　在 0.5mV·s⁻¹ 下，1mol·L⁻¹ Zn(CF₃SO₃)₂（a）
和 1mol·L⁻¹ ZnSO₄（b）的锌阳极 CV 曲线

ZnSO₄ 电解液在锌基电池中的使用总是伴随着碱性硫酸锌 Zn₄(OH)₆SO₄·nH₂O 的形成，这被认为是造成最初几个循环中容量损失的原因[52]。最近，Zn(CF₃SO₃)₂ 成为锌基电池一种良好的电解质。Chen 和他的同事们[55] 比较了在 1mol·L⁻¹ Zn(CF₃SO₃)₂ 电解质和 1mol·L⁻¹ ZnSO₄ 电解质中 Zn 电极的 CV 特性曲线（图 2-10）。与 ZnSO₄ 相比，Zn(CF₃SO₃)₂ 电解质在 Zn 沉积/溶解之间表现出更小的峰间距和更高的峰值电流密度，表明 Zn 沉积/溶解具有增强的反应动力学和更好的可逆性。这主要是由于庞大的 CF₃SO₃⁻ 可以减少 Zn²⁺ 周围的水分子数量并降低溶剂化效果，从而促进 Zn²⁺ 的运输和电荷转移。而且，增加盐浓度可以降低水活度和水诱导的副反应，从而改善循环稳定性。但是高浓度电解质会导致电解液黏度较高，降低了电解质的离子电导率，不利于提高电池的倍率性能。此外，$Zn(CF_3SO_3)_2$ 比 $ZnSO_4$ 和其他常规锌盐昂贵得多，可能会阻碍其大规模应用。

最近，$Xu^{[56]}$ 报告了一种由 $1mol \cdot L^{-1} Zn(TFSI)_2$ 和 $20mol \cdot L^{-1} LiTFSI$ 组成的高度浓缩的锌离子电解质。这种中性电解质不仅可以促进无树突状的 Zn 镀层/剥离，并且具有接近 100% 的库仑效率，而且还能够将水保持在开放的气氛中。当与 $LiMn_2O_4$ 或 O_2 阴极配对时，前者表现出 $180W \cdot h \cdot kg^{-1}$ 的高能量密度，并且在 >4000 个循环中表现出 80% 的容量保持率，而后者表现出在 200 多个周期中 $300W \cdot h \cdot kg^{-1}$ 的能量密度。结构和光谱研究与分子尺度建模相结合，显示大量阴离子迫使它们进入 Zn^{2+} 附近，形成紧密的离子对（$ZnTFSI^+$），从而显著抑制了 $[Zn(H_2O)_6]^{2+}$ 的存在。因此有效地防止了 H_2 的析出，从而导致极好的 Zn 可逆性。

向电解质中添加添加剂是减轻 Zn 树枝状晶体生长和阴极材料溶解的另一种方法。例如，通常将 $MnSO_4$ 添加到 $ZnSO_4$ 电解质中，以抑制 Mn 基阴极在 Zn-Mn 电池系统中的溶解[57]。$Hu^{[58]}$ 报道了咪唑鎓离子液体作为添加剂可抑制水溶液中的树枝状锌，所添加的咪唑鎓离子液体可以吸附在电极表面或新近形成的沉积物表面上，从而改变化学双层并阻止锌成核。结果表明，加入咪唑鎓离子液体后，成核超电势和极化程度均按无添加剂的顺序增大和增加 [1-乙基-3-甲基咪唑鎓氯化物（EMI-Cl）<1-乙基-3-甲基咪唑六氟磷酸盐（EMI-PF$_6$）<1-乙基-3-甲基咪唑双（三氟甲磺酰基）酰亚胺（EMITFSA）<1-乙基-3-甲基咪唑双氰胺（EMI-DCA）]。Niu 和他的同事们[59] 发现，向 $ZnSO_4$ 电解质中添加 Na_2SO_4 可以抑制 $NaV_3O_8 \cdot 1.5H_2O$ 在阴极中的溶解，并抑制枝晶在 Zn 阳极中的沉积。这是因为还原电位低于 Zn^{2+} 的 Na^+ 可以在 Zn 突起的初始生长尖端周围形成带正电的静电屏蔽层，从而迫使 Zn 进一步沉积到相邻区域，从而消除了 Zn 枝晶的形成[59]。

2.4 锌金属负极的副反应和枝晶

2.4.1 副反应的种类和机制

目前，锌金属负极的使用仍然面临着巨大的挑战，除了反应过程中会形成枝晶外，还存在着腐蚀、析氢和钝化等副反应。本节将针对水系锌基电池中锌负极的副反应产生机理进行解释说明。

2.4.1.1 锌金属负极的腐蚀

水系锌基电池经过多次充放电循环后可以观察到，锌电极的厚度和有效比表面积发生了变化，这种现象称为锌电极的形状变化。这是由于在放电过程中锌金属溶解在电解质中，又发生了迁移，然后在充电过程中在锌电极上的不同位置发生了沉积，常见于锌空气电池和其他碱性锌电池中[60]。锌电极的形状变化会导致电池的致密化和容量衰减。形状变化是由活性物质在锌电极表面的重新分布所引起的，形状变化的存在不利于对锌电极进行改性。目前已有的建模和机理研究表明，形状变化主要受反应区中电流分布不均匀、发生电渗透力时碱性电解质的浓度和对流的影响[61]。例如，Einerhand 提出了密度梯度模型，该模型表明电解质流的出现与锌电极附近溶液层中的密度梯度和电池的体积变化密切相关。此外，在不同实验条件下（如：加入不同的添加剂、电沉积时的电流密度不同等）进行电沉积锌得到的锌具有不同的表面形态。

2.4.1.2　锌金属负极的析氢反应

在溶液 pH 值等于 14 时 Zn/ZnO 相对于标准氢电极（SHE）的标准电极电位为 $-1.26V$ [式(2-15)]，低于相同 pH 值下析氢反应（HER）的标准电极电位 [式(2-16)，相对于 SHE 为 $-0.83V$]。因此，从热力学方面来看，在反应过程中不可避免地会发生析氢反应，产生氢气。电池的内部压力将随着氢气的产生而增加，导致电池膨胀，从而缩短使用寿命；此外，锌电极将被腐蚀 [式(2-4)]，在电池中发生自放电。这也意味着，在充电过程中 HER 反应将消耗提供给锌电极的一些电子，锌金属负极不能以 100% 的库仑效率充电。然而，实际的氢释放速率是由其交换电流密度和锌电极表面上的 Tafel 斜率决定的。在 $6mol \cdot L^{-1}$ KOH 溶液中对两个参数进行测量得到的数值分别为 $8.5 \times 10^{-7} mA \cdot cm^{-2}$ 和 $0.124V \cdot decade^{-1}$。可以得出，在 Zn/ZnO 标准电极电势下，锌表面上的氢逸出电流约为 $1 \times 10^{-5} mA \cdot cm^{-2}$。氢在 ZnO 表面上的逸出过电势显著降低，意味着自放电速率会随着放电过程锌电极上形成的 ZnO 增加而增加。对此需要降低氢的析出速率（即提高氢析出的过电势）来提高充电效率同时降低锌电极的自放电率。

2.4.1.3　锌金属负极的钝化

在电池放电期间，靠近锌电极的 $Zn(OH)_4^{2-}$ 产物达到其极限溶解度时，会导致 ZnO 沉淀到锌电极表面，形成钝化层，从而限制了放电离子和 OH^- 的迁移[62,63]。钝化层的形成会极大地影响电池性能，例如降低其循环速率和循环寿命。多孔锌电极钝化之前由于 ZnO 的沉淀（比锌占据更多的体积）而孔径减小。当生成的 $Zn(OH)_4^{2-}$ 远远超过溶解度极限时，会发生沉淀，并完全堵塞剩余的孔体积[64]。这就解释了为什么常用的可再充锌电极通常需要 60%～75% 的孔隙率，而物理上容纳 Zn 到 ZnO 的体积膨胀所需的理论孔隙率仅为 37%。此外，增加电极厚度会导致较早发生钝化，此时氢氧根离子通过电极孔的扩散阻力会增加，ZnO 相较于 $Zn(OH)_4^{2-}$ 更易形成。而非导电性的 ZnO 的增加也会增加锌电极的内电阻，这自然会导致放电过程中的电压损失，以及充电过程中的电压增加。锌利用率是评估锌电极的常用指标，代表电极完全放电时实际使用的锌块的理论容量的百分比。该百分比受锌电极被完全钝化或其内部电阻变得太高而无法维持足够的工作电压所限制。传统粉末基电极对锌的利用率可在 60%～80% 之间，而现阶段人们研究的目标是要研发该数值高于 90%，甚至更高的材料。因此，了解影响钝化行为的因素对于降低电池中锌电极的钝化效果是十分重要的。

腐蚀、析氢和钝化这三个问题相互之间具有显著的交互作用。例如，锌金属的钝化减少了有效表面积，也导致了锌电极的形状变化。因此，旨在减轻上述现象之一的解决方案通常可以间接地减轻其他现象中的一个或多个。但是，在某些情况下，减轻其中一个问题可能会使另一个问题变得更糟。例如，降低 $Zn(OH)_4^{2-}$ 的溶解度可以降低形状变化的速度，但是由于大量的 ZnO 沉淀，这也导致了锌金属的快速钝化。所以，在实践中应根据不同的特性（例如电解质体积、电极厚度和孔隙率）进行设计，以期得到有效改善锌电极性能的策略。

2.4.2 锌枝晶的形成机理

目前，锌金属负极面临的挑战之一就是反应过程中会形成枝晶。本节将对枝晶的形成机理进行具体的解释说明，以帮助读者理解锌枝晶问题。

碱性锌基电池在放电充电过程中，锌的溶解和沉积通常是不均匀的，往往会出现枝晶问题。具体来说枝晶的形成主要是由锌的不均匀沉积引起的，而锌阳极表面不均匀的 $Zn(OH)_4^{2-}$ 浓度分布是造成该现象的原因之一。在理想情况下，$Zn(OH)_4^{2-}$ 均匀地分布在整个锌阳极表面，然而在实际情况中，金属锌具有很高的电化学活性，在热力学上是不稳定的。在碱性电解液中，锌酸盐（活性电荷载体）在阳极表面的移动是一个"扩散控制"过程。最初，表面吸收的锌酸盐优先在能量高的电荷位点上形成小尖端，引起尖峰效应并吸引更多的锌酸盐积聚，并在反复充电/放电过程中逐渐形成树枝状晶体（图 2-11）。也就是锌阳极表面附近的 $Zn(OH)_4^{2-}$ 由电渗压力、重力等因素引起的自然对流而迁移，导致其在锌阳极表面的分布极不均匀，使得沉积后的锌阳极表面凹凸不平。

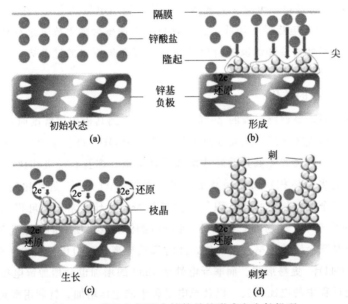

图 2-11　碱性电解液中锌枝晶的形成和生长机理

(a) 锌电极的初始状态；(b) 锌枝晶的形成；(c) 生长过程；(d) 锌枝晶刺穿隔板[65]

当阳极上锌的所有放电产物都被还原后，电解液中的锌酸盐开始在锌阳极的表面上还原，从而镀出金属锌（图 2-11）。大多数锌酸盐都位于电解质的外部或隔板的内部，而不是位于多孔锌电极的表面 [图 2-11(b)]，随着锌阳极表面的锌酸盐被消耗，这会导致严重的浓度极化，而锌酸盐的这种不均匀分布将会控制锌的沉积过程。因此，与到达其他区域相比，锌酸盐更容易迁移到电极表面上形成突起的尖端 [图 2-11(c)～(d)]。换句话说，锌基电极表面形态的不均匀容易造成枝晶的形成。这种不均匀性是由锌离子在电极表面上的自由扩散引起的。锌离子的自由运动使它们都容易迁移到能量上有利的位置进行电荷转移。因此，非常容易发生锌离子聚集现象，最终成为锌枝晶的成核位点。在接下来的循环中，电解质中的 $Zn(OH)_4^{2-}$ 依然会优先沉积在锌阳极的凸面，因为靠近锌阳极的突起表面处具有更高的

$Zn(OH)_4^{2-}$ 浓度。随着不断地充放电循环，枝晶会不断生长延伸，最后脱落成为死锌，甚至可能刺穿隔膜导致电池短路。这种机理也适用于中性或酸性电解质，但是以锌离子作为电荷载体，而不是锌酸盐。

从电极电势对枝晶的影响来讲，可以通过相场模型模拟树枝状晶体的生长演化，如图 2-12(a) 所示，底部边缘的多个原子核逐渐生长成垂直于阴极表面的树枝状晶体。锌原子在某个方向上的结合能比其他方向上的结合能要强，从而导致枝晶的形成。随着时间的流逝，突起的尖端开始裂开，并且分支在主晶上对称地生长。更重要的是，树状形态与右上角的实验观察结果一致，即树状结构由平行于电场方向的主链组成，并且许多分支以一定角度附着在主链的两侧。多项研究表明，当过电势达到一定值时，电沉积锌的枝晶形态就会发生。树枝状晶体的生长取决于与电解液中电势有关的局部过电势，因此，当在阳极和阴极之间施加较大的电压时，树枝状晶体可以更快地生长。由图 2-12(b) 可知，高电压下的过电势

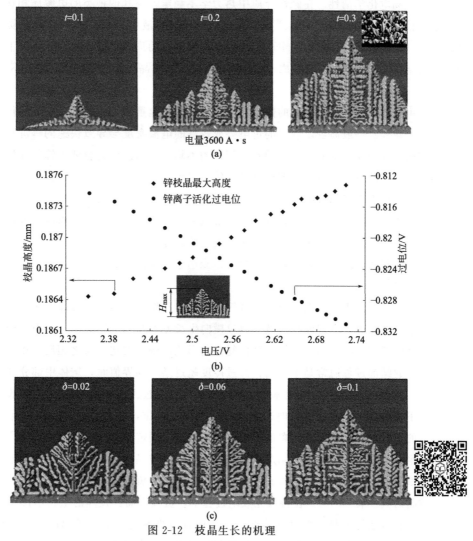

图 2-12　枝晶生长的机理

（a）电沉积锌枝晶生长的相场模拟；（b）在相同电量条件下枝晶生长与施加电压之间的关系；

（c）表面能各向异性对电沉积锌枝晶形态的影响[66]

会更大，而树枝状晶体的生长会更快。这也意味着过电位越高，枝晶生长的开始时间就越短。图 2-12（c）显示了基于相场模型的界面能各向异性对枝晶形态的影响，其中在大的表面能各向异性 δ 强度下，枝晶生长得更高。研究发现，沉积物尖端的锌离子浓度和电势高于其他位置的锌离子浓度和电势，导致在外延形态附近的浓度梯度和局部电流密度的异质性。另外，电位和离子浓度的不均匀也会促进枝晶生长。

从传质角度来讲，锌空气电池电解液为碱性时，在充电过程中，液相传质过程主导着锌电极的充电反应过程，反应活性物质位于锌电极表面附近时浓度会非常低，从而导致较为明显的浓差极化，因此反应系统中的反应活性物质会因为浓度差的作用移动到电极表面凸起处从而参与反应，电极上电流也会因此出现分布不均匀的现象，最终导致枝晶形成。在早期阶段，枝晶的长度随时间的推移呈指数速度增长，当过了诱导时间后，总电流与时间的平方成一种线性关系。

锌具有高电化学活性，在碱性介质中热力学不稳定，与其他种类的电解质相比，碱性电解质中锌枝晶的形成和生长尤为严重。两性锌在碱性溶液中的高溶解度导致容易形成锌树枝状晶体。在温和的酸性电解质中可以有效地缓解枝晶的形成，但在高电流密度下，过电位增加，还是可以促进枝晶的形成和长大，如何控制枝晶的形成仍然是一项不可忽略的挑战[67]。

综上可知，影响锌枝晶形成的因素通常包括锌酸盐电解质的含量、反应物的传质、电极的电化学极化等。一般而言，较高的过电势或较高的电流密度会导致快速的锌沉积，从而导致更严重的浓度极化，从而很容易导致沉积锌的不均匀分布。树突会随着锌的成核位点数量的增加而增加。而且，高电流密度还会影响传质过程。锌基电极的低表面积也会导致锌的异质沉积，从而产生更多的枝晶形成部位。当锌基电极反应界面上的活性物种与整体电解质中的锌酸盐之间的浓度梯度较大时，锌枝晶的形成更为普遍。换句话说，当锌的沉积由扩散控制时，枝晶易于形成。当使用稀电解质时，树枝状晶体容易存在。这是由于大多数锌酸盐倾向于迁移到突起的尖端，而较少的锌酸盐可以到达电极表面的其他区域，这使得锌沉积的不均匀性更加严重。

此外，锌枝晶的生长类型可分为：蒸气生长、溶质生长、熔体生长等。在蒸气或溶质等稀薄环境下，晶体通常呈现面状。枝晶通过横向生长方式在分子层面上平直地进行生长。一旦过饱和度大于某个临界值，晶体呈现出复杂的形式，例如雪花。与之相反，在像熔体这样密集环境中的结晶过程通常是不同的：当过冷度超过某一临界值时，熔体中部分区域会产生"无序截留"现象，即枝晶生长速率突然升高并有可能超过固-液界面上原子的扩散速率，进而导致原子在向固−液界面附着时来不及进行选择性占位，从而长成有序度下降甚至形成完全缺失的无序相。无序截留现象的产生使晶体形貌无固定形状。

多种水系锌基电池的实用化均严重受制于锌负极的枝晶问题。例如：锌空气电池虽有众多不可比拟的优点，但至今并未得到广泛的应用。主要是负极表面枝晶生长、库仑效率低等问题严重制约其发展[30,68,69]。在持续充放电过程中，负极表面锌枝晶的生长不仅会降低金属锌的利用率和电池的容量，而且难溶性产物会使锌电极钝化，不利于锌的均匀沉积/溶解，导致容量衰减，降低电池的容量，还可能会刺破隔膜，造成电池短路，刺穿电极，导致电极脱落，诱发起火和爆炸等安全事故[70-72]。

在二次碱性锌基电池中，锌枝晶可在充电过程中形成，可能会使得电极断裂和断开，导致容量损失。在继续沉积之后，这些沉积物会越过扩散限制区域的边界，从而导致树枝状晶体在活化控制下迅速生长。在连续充放电循环后导致电极致密化并降低可用容量。更重要的是，生长的枝晶可能会戳破隔膜导致短路。

人们对二次锌空气电池的研究有近 50 年的历史，目前锌空气电池不单单在电动汽车行业受到广泛关注，而且在电子产品领域也存在很大发展空间。但其在实现商业化之前仍面临着诸多挑战，要想推动锌空气电池的发展，对锌电极枝晶生长现象的研究、改变枝晶生长现状刻不容缓[73]。

2.5 锌金属负极性能的优化策略

锌负极在水系电解质中的腐蚀、钝化、形状改变和枝晶生长问题会导致严重的容量衰减和低的库仑效率，严重阻碍了锌基电池的实际应用。因此，锌负极在水系电解质中的保护对于实现锌基储能系统的长循环寿命、高可逆性和高剥离/沉积效率具有重要意义。本节将从成分设计、表面修饰、结构设计、电解液改性、无锌负极和其他策略等方面介绍锌负极的保护措施。

2.5.1 成分设计

锌比金属镁、铝、锂和钠更稳定，但在水系电解质中仍然是热力学不稳定的。本征成分的调整对于提高锌负极的稳定性是一种有效的方法。

合金化会使负极过程的热力学和动力学参数发生变化。使用析氢反应过电位较高的金属（$Zn<Cr<Fe<In<Co<Ni<Sn<Pb<Sb<Bi<Cu<W<Hg$）合金化锌金属，与纯锌相比可提高其耐蚀性[74]。此外，由于阳极保护作用，这些低活性金属的合金化也提高了锌金属在水系电解液中的溶解性和电化学活化。而与镁、铝等比锌活性更高的金属合金化，也可以通过以下两种机制提高锌合金在水溶液中的稳定性：一是形成保护腐蚀层，二是有效地改善锌的相组成和组织。合金化策略通过合金化高析氢反应过电位（或"钝化"）金属元素、形成保护腐蚀层和组织/相组成，可以有效地防止水对锌负极的腐蚀。综合考虑了不同金属的环境影响和成本，铝、锡、铁、铜、镍是最有前途的合金化元素。然而，目前还缺乏全面的实验工作来系统地展示不同锌合金在特定电解液系统中的作用。

与其他材料复合是改善锌基电池电化学性能的重要策略，是保护锌负极的重要方法。通常采用两种方法制备复合负极材料：一种是用第二相原位生长/沉积 Zn 或 ZnO；另一种是将第二相与 ZnO/Zn 纳米粒子混合形成均匀的浆料，然后涂布在集流体上。与非导电活性金属氧化物（如 Bi_2O_3、PbO 等）复合可以通过非活性合金元素来保护锌负极，增加析氢反应的过电位。与其他碱土氢氧化物或氧化物［如 $Ca(OH)_2$］复合会生成金属锌酸盐而不是氧化锌。锌酸钙的溶解度低于锌酸盐，有利于抑制锌负极的形状变化和枝晶生长，使得锌负极的放电电压平台趋于更负[75]。然而，与不导电的氧化物/氢氧化物复合的缺点是它们的容量较低，导电性较差，不利于电子转移，从而降低锌负极中锌活性物质的初始含量，降低比能量。为解决这一问题，以层状双氧化物（氢氧化物的煅烧产物）作为氢氧化物复合材料的改进材料。与氢氧化物相比，煅烧过程保留了更大的表面积、更高的理论容量和更小的扩散阻力[76]。通过在锌电极中引入碳基材料、金属纳米粒子等导电材料，可以提高锌电极的整体导电性，增加放电后电子通道的可用性，提高锌的循环利用率。

2.5.2 表面修饰

由于锌的热力学不稳定性，表面涂层策略是通过防止锌与电解质接触并机械地抑制枝晶的初始膨胀，从而有效地保护锌负极不受腐蚀和枝晶形成的影响。然而，在电池系统中，锌与电解液之间的迁移路径不能被完全阻塞。对于表面涂层的关键要求包括合适的物质迁移、良好的耐水性和良好的机械强度[77]。具体有以下要求：第一，多功能涂层通常禁止电子传导，并促进离子传导。第二，涂层应通过物理或静电相互作用限制锌离子的二维扩散。第三，涂层应具有亲水性，但在水系介质中要稳定。第四，涂层应具有足够的刚度和韧性，以适应循环过程中的体积变化。值得注意的是，这种方法还保持了价格低、环境友好和安全的优点，没有明显的缺点。根据涂层的性质可以分为无机涂层和聚合物涂层。

无机涂层（包括 $CaCO_3$、TiO_2、ZnO 等）通常具有较高的机械强度，因此能有效地抑制锌枝晶的生长。但是坚硬的无机涂层容易形成裂纹，这将严重恶化保护效果，甚至导致整个涂层失效。为了保证无机涂层的物质迁移路径，人们通过纳米孔 $CaCO_3$ 涂层提高锌金属阳极的剥离/沉积稳定性[78]（图 2-13）。多孔涂层将锌沉积反应限制在锌箔的表面区域，并引导整个锌箔表面均匀的电解液通量和锌沉积速率，形成了一个均匀的、自下而上的沉积过程。活性碳涂层是另一类重要的导电可伸缩涂层，因为多孔碳层可以作为成核位点和储锌层，从电解液中捕获锌离子。然而，锌由于其电子传导倾向于沉积在碳层上，而不是像一个孤立的层沉积在碳层下。这种不良的沉积位置使得碳涂层只能改善表面电场分布，而不能抑制副反应。

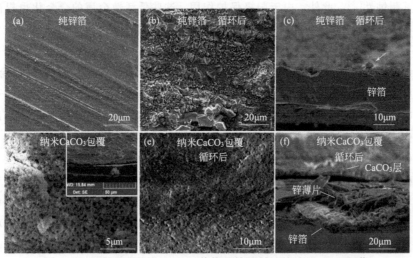

图 2-13　纯锌箔和纳米 $CaCO_3$ 修饰的锌箔循环前后的 SEM 图像

与无机涂层相比，另一种常用的聚合物涂层更容易制造、成本低、柔性好、更加环保。聚合物涂层的合成条件对聚合物的保护作用有很大的影响。例如，导电聚吡咯（PPy）与水杨酸钠盐的电聚合将在不影响锌的电化学性能的情况下在锌表面形成一层薄、稳定和黏附的层；而在酒石酸溶液中用钼酸钠（5mmol·L⁻¹）进行聚合时，会产生较致密的 PPy 膜，颗粒较小[79]。聚苯胺[80]、有机硅[81]、聚甲基丙烯酸甲酯[82] 等都被证明是有效的锌负极涂层。

2.5.3　结构设计

纳米结构通过提供适当的结构或暴露表面，缩短离子传输路径，并减缓电池循环过程中产生的应变，以提高各种电池系统的电化学性能。此外，纳米结构通过增加表面积，使锌负极和电解液更直接地接触，有效提高锌负极的电化学性能。锌负极的纳米结构工程使得锌可以在较低的电流密度下沉积，能够降低充电过程中枝晶形成的可能性。

作为传统的负极形式，锌箔、锌板、锌片和锌条一直被用作锌基电池的负极，并用于研究锌酸盐或 Zn/ZnO 相平衡中的锌沉积。通过纳米工程将传统负极锌箔的厚度降低到三维结构，提高了锌基电池的电化学性能。锌海绵三维电极具有抑制枝晶形成的特点，是碱性锌基电池的首选电极。但是纯锌组成的锌海绵三维电极缺乏刚性支撑骨架，特别是在高放电深度和长时间运行的情况下，在反复循环中容易出现结构破坏。采用三维锌沉积集流体（图 2-14）

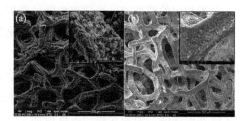

图 2-14　Cu foam@Zn 充电状态 （a）和放电状态 （b） 下的 SEM 图像

可以解决这个问题，其包括泡沫铜[83]、多孔碳材料（碳纳米管[84]、碳布）等。合适的锌沉积三维集流体应该具有以下特征：首先应具有足够的刚度和韧性，以适应连续的锌剥离/沉积，并保持它们的三维结构；其次，应具有较高的锌剥离/沉积库仑效率，与锌有足够的亲和力；最后还需要在电解质中能够稳定存在。

高表面电极具有抑制枝晶形成和钝化的优点。然而其制备过程复杂，同时存在结构破坏的问题，并且碳布等材料高昂的价格也阻碍了其商业化应用。此外，使用高表面电极的一个不可避免的缺点是氢气的析出率随着暴露的表面积增加而增加，加剧了锌负极的腐蚀。

2.5.4　电解液改性

电池的性能不仅仅取决于电极材料，还与电解液息息相关。锌负极的保护也可以通过优化电解液来实现。锌基电池使用的电解液可分为水系电解液、有机电解液、水凝胶电解质、离子液体电解液和固态电解质。水系电解液是最常用的，水凝胶电解质是柔性电池较好的选择。锌的剥离/沉积与电解液的 pH 值密切相关。在酸性条件下，一般不会形成钝化的 ZnO 层。pH 值在 4 至 6 的范围内，可能会出现较少的多孔氧化物膜。锌在弱酸性溶液中的溶解度随 pH 值的增加而减小。在中性或微碱性条件下，会产生更稳定的 Zn 腐蚀产物，例如 $Zn(OH)_2$。在 pH 值大于 9 的电解液中，锌溶解度随 pH 值的增加而再次升高。在高 pH 值电解液中，由于氧化锌和氢氧化物容易溶解，$Zn(OH)_4^{2-}$ 更容易形成。对电解液 pH 值进行调节以改变锌电极形状变化和溶解沉积行为是提高锌电极的电化学性能重要而有效的策略。

碱性（pH＞8.0）电解液主要用于一次或可充电锌空气电池、可充电 Zn-MnO₂ 电池、

Zn-NiOOH 电池和 Zn-AgO 电池。由于快速的电化学动力学、锌盐的高溶解度、K^+ 赋予的优越的离子电导率，KOH 在碱性电解质中得到了最广泛的应用。锌负极在碱性电解液中通常表现出固有的电化学可逆性和快速的电化学动力学，具有较高的离子电导率、锌盐溶解度和较好的低温性能。然而，碱性电解液也带来了锌钝化、形状变化和与 CO_2 反应形成碳酸盐沉淀等问题。调节 KOH 浓度是碱性电解液中锌负极保护的一种方便而有力的策略。

为避免锌负极在碱性电解液中的各种问题，中性和弱酸性电解液（4.0＜pH＜8.0）成为锌基电池更好的选择。目前，锌离子电池大多采用近中性电解液，锌空气电池也表现出用中性电解液取代碱性电解液的趋势。用于锌基电池的近中性电解液分为氯化盐基电解液（包括 NaCl、NH_4Cl、$ZnCl_2$ 等）、其他无机盐基电解液和有机电解液。虽然酸性电解质有效抑制了锌负极的钝化和枝晶的形成，但由于锌腐蚀（析氢）问题比较严重，强酸电解质（pH＜4）几乎没有被用于二次锌电池。

对于相同的盐溶液，通常在浓度较高的电解液中锌负极具有更好的电化学性能，包括更高的库仑效率、更优异的容量保持率。电化学性能的提升与阳离子/阴离子的溶剂化和运输行为密切相关。在水溶液介质中，锌离子不是以自由单离子的形式存在，而是由水分子包围形成水合锌离子。因此，随着锌盐浓度的增加，锌离子周围的水分子数量可能会减少。这种浓度效应在超高浓度电解液即"盐包水"中表现得更为明显，无论在阴极还是阳极上都具有非常优异的性能，但如此高的浓度增加了其成本，阻碍了实际应用，特别是对于本就价格昂贵的锌盐[85]。

在电解液中加入添加剂是解决锌不均匀沉积的常用方法。电解液添加剂可以分为无机和有机添加剂。无机添加剂主要有以下几类。

a. 比锌离子具有更高还原电位的金属离子。这些金属离子可以在电解液中优先被还原作为锌沉积的衬底，可以提高电极的导电性，使锌沉积均匀。但是由于不同金属离子的还原行为会影响电池的电化学行为，络合电池的内部反应，有时会破坏其性能。

b. 比锌离子具有更低还原电位的金属离子。这些金属离子不直接参与氧化还原反应，它们的工作原理是在负极表面吸附并产生静电斥力效应。所形成的屏蔽层可以迫使锌离子进一步沉积到负极的邻近区域，从而消除枝晶的形成。

c. 锌负极在碱性电解液中的形状变化和钝化都与放电产物 $[Zn(OH)_4]^{2-}$ 的溶解度有关，在放电过程中，通过在碱性电解液中加入 ZnO，使用预饱和锌酸盐溶液在放电过程中的前期诱导 ZnO 钝化层，可以有效减小形状变化。

d. 其他无机添加剂，包括一些硼酸盐、碳酸盐、磷酸盐、氟化物等，能有效保护锌负极不受形状变化和再分布的影响。

有机添加剂，包括聚合物、单体、形貌控制表面活性剂和其他小分子有机添加剂等，被证明其能够有效保护锌负极。这些添加剂的极性基团被吸引到锌电极上，而非极性基团从锌电极表面逸出，形成一个修饰界面，抑制锌金属的腐蚀和反复的溶解/沉积行为。此外，聚合物吸附会增大电极的表面极化，导致局部电流密度降低，降低锌离子的还原速率，从而缓解浓差极化。但聚合物的过度附着会导致过度极化，从而降低电极的导电性。因此，电解液中聚合物的加入量应控制在合适的范围内。

柔性器件被认为是锌基电池发展最有希望的方向，水凝胶电解质具有有限的水浓度和良好的离子导电性,在过去十年中得到广泛的研究。凝胶电解质的存在改善了锌离子的分布,抑制了枝晶的形成。其原因在于锌离子与凝胶中带负电荷基团之间的相互作用。此外,使用凝胶电解质还可以抑制析氢腐蚀、钝化等副反应,这都可以归因于凝胶中有限的水分子和它们有限的运动。

2.5.5 无锌负极

纵观锂离子电池的发展历史,特别是锂离子电池的负极材料由金属锂转变为锂离子插层材料,同样的方法也可以应用到锌离子电池上。应用 Zn^{2+} 插层材料可以从根本上避免锌金属负极锌沉积不均匀的现象。目前为止,已经被证明的可以作为 Zn^{2+} 插层负极材料包括 $ZnMo_6S_8(0.35V)$ [86]、$Mo_6S_8(0.34V)$ [87]、$Na_{0.14}TiO_2(0.3V)$ [88],其都具有合适的 Zn^{2+} 插层电位(vs. Zn/Zn^{2+})。但是,$ZnMo_6S_8$、Mo_6S_8 用作锌基电池负极时都表现出较差的容量。这些较差的性能只证明了插层锌负极的理论可行性,不能影响金属锌负极的主导地位。

合适的无锌负极需要满足以下几个条件:一是合适的 Zn^{2+} 存储电压平台;二是高的初始库仑效率;三是高的容量和良好的容量保持率;四是优异的循环稳定性和良好的倍率性能。无锌负极也具有一系列缺点:材料结构不稳定,全电池能量密度较低,可用电压范围较窄。无锌负极目前只被认为是一种潜在的方法,仍然需要进行深入的研究。

2.5.6 其他策略

除了上述被广泛采用的策略外,还出现了一些不同寻常但行之有效的策略。流动电解液可以抑制锌枝晶的形成和生长,锌基液流电池受到了广泛的关注。调节电解液的流速可以进一步提高流动电解液解决锌枝晶问题的有效性,对流使锌电极附近的浓度差异最小化,有效地减小了浓度极化,为锌电极提供了均匀的溶解/沉积电流。工作/沉积电流密度可直接控制锌电极的溶解、沉积和形貌,在小电流、脉动电流或流动的电解液中,锌的沉积形貌均较为均匀。此外,固态电解质由于其机械强度被用于抑制锌枝晶,Zn^{2+} 沉积过程中释放水分子形成界面润湿区,这将显著提高 Zn^{2+} 的扩散速率和电化学反应动力学[89]。微孔结构和纳米润湿界面对锌的均匀沉积也起到了关键的制约和引导作用,可以避免枝晶的生长。

参考文献

[1] 曹异生. 近期铅锌矿业进展及前景展望. 世界有色金属,2007(7):31-33.

[2] 赵天从. 重金属冶金学. 北京:冶金工业出版社,1981.

[3] Porter F C. Zinc handbook:properties,processing,and use in design. New York:Crc Press,1991.

[4] 高仑. 锌与锌合金及应用. 北京:化学工业出版社,2011.

[5] Morgan W S. Zinc and its alloys and compounds. New York:Halsted Press,1985.

[6] 任鸿九. 铅锌及其主要共伴生元素和化合物的物理化学性质手册. 长沙:中南大学出版社,2011.

[7] 程新群.化学电源.2 版.北京：化学工业出版社，2008.

[8] Vincent C A，Bruno S，屠海令，等.先进电池：电化学电源导论.2 版.北京：冶金工业出版社，2006.

[9] 陈军，陶张良，苟兴龙.化学电源：原理，技术与应用.北京：化学工业出版社，2006.

[10] 郭炳焜，李新海，杨松青.化学电源：电池原理及制造技术.长沙：中南工业大学出版社，2000.

[11] 吕鸣祥，黄长保，宋玉瑾.化学电源.天津：天津大学出版社，1992.

[12] 徐国宪，章庆权.新型化学电源.北京：国防工业出版社，1984.

[13] 宋文顺，夏同弛，王力臻.化学电源工艺学.北京：中国轻工业出版社，1998.

[14] 文国光.化学电源工艺学.北京：电子工业出版社，1994.

[15] 顾登平.化学电源.北京：高等教育出版社，1993.

[16] 张文保，倪生麟.化学电源导论.上海：上海交通大学出版社，1992.

[17] 陈景贵.化学与物理电源：信息装备的动力之源.北京：国防工业出版社，1999.

[18] 李国欣.新型化学电源导论.上海：复旦大学出版社，1992.

[19] 陈永心，张清顺，余泽民.无汞碱锰电池的研究.电池，1997，27(5)：195-198.

[20] 王金良.碱性锌锰电池的无汞化.电池，1998，28(3)：112-116.

[21] 王金良，马扣祥.化学电源科普知识(Ⅰ).电池工业，2000，5(4)：185-187.

[22] 夏熙.二氧化锰电池的过去，现在和未来.电源技术，1996，20(2)：78-81.

[23] 刘丽英，徐微.高效复配有机代汞缓蚀剂的研究.电源技术，2001，25(4)：257-259.

[24] 王金良，马扣祥.化学电源科普知识(Ⅱ).电池工业，2000，5(5)：231-234.

[25] Yang C C，Lin S J. Improvement of high-rate capability of alkaline $Zn-MnO_2$ battery. Journal of Power Sources，2002，112(1)：174-183.

[26] 汪继强.化学电源技术发展和展望.电源技术，1994，18(5)：4-5.

[27] Rogulski Z，Czerwiński A. New cathode mixture for the zinc-manganese dioxide cell. Journal of Power Sources，2003，114(1)：176-179.

[28] Rodrigues S，Munichandraiah N，Shukla A. AC impedance and state-of-charge analysis of alkaline zinc/manganese dioxide primary cells. Journal of Applied Electrochemistry，2000，30(3)：371-377.

[29] Barbic P，Binder L，Voss S，et al. Thin-film zinc/manganese dioxide electrodes based on microporous polymer foils. Journal of Power Sources，1999，79(2)：271-276.

[30] Shen Y，Kordesch K. The mechanism of capacity fade of rechargeable alkaline manganese dioxide zinc cells. Journal of Power Sources，2000，87(1/2)：162-166.

[31] 蒋金芝，孟凡桂，唐有根，等.碱锰电池有机代汞缓蚀剂的合成与性能.电池，2003，33(5)：294-296.

[32] 孙烨，张宝宏，张娜.碱性二次锌电极的新进展.应用科技，2002，29(2)：47-49.

[33] 李诚芳，金承和.碱性锌锰电池的研制和开发Ⅲ：无汞碱性锌锰电池.电池工业，1999：85-87.

[34] 王兴贺，张俊英，田新军，等.可充碱性锌锰电池的研究.电池工业，2000，5(2)：

93-96.

[35] 郭炳昆，李新海.可充无汞碱性锌锰电池电极制备及性能.电源技术，2000，24(1)：15-17.

[36] 张永红，陈明飞，彭天剑.纳米氧化铟粉体的制备及其在碱性锌锰电池中的应用.电池工业，2002，7(3)：193-195.

[37] 舒德春，卢财鑫，蓝秀清.膨胀石墨在碱性 Zn/MnO$_2$ 电池中的应用.电池，2003，33(6)：361-362.

[38] 张清顺，常海涛，黄益福.浅谈碱性锌锰电池的技术革新.电池工业，2002，7(3)：106-108.

[39] 赵自力，林刚，杨克建.无汞碱性 Zn-MnO$_2$ 电池正极粉的制备.电池工业，2003，8(3)：110-112.

[40] 吕东生，李伟善，邱仕洲.无汞碱性锌锰电池负极缓蚀剂研究方法.电池工业，2001：199-202.

[41] 李国欣.20 世纪上海航天器电源技术的进展.上海航天，2002，19(3)：42-48.

[42] 石建珍，朱纪凌，高翠琴，等.二次碱性锌电极.电池工业，1996(2)：37-43.

[43] Smith D F，Brown C. Aging in chemically prepared divalent silver oxide electrodes for silver/zinc reserve batteries. Journal of Power Sources，2001，96(1)：121-127.

[44] Hariprakash B，Martha S，Shukla A. Galvanostatic non-destructive characterization of alkaline silver-zinc cells. Journal of Power Sources，2003，117(1/2)：242-248.

[45] Jin X，Lu J. The potential valleys of silver oxide electrodes during pulse discharge. Journal of Power Sources，2002，104(2)：253-259.

[46] 李广森，王世达，张宁，等.锌-氧电池中氧催化电极透气的性能.电源技术，2008，32(9)：620-623.

[47] Konarov A，Voronina N，Jo J H，et al. Present and future perspective on electrode materials for rechargeable zinc-ion batteries. ACS Energy Letters，2018，3(10)：2620-2640.

[48] Chen X，Liu B，Zhong C，et al. Ultrathin Co$_3$O$_4$ layers with large contact area on carbon fibers as high-performance electrode for flexible zinc-air battery integrated with flexible display. Advanced Energy Materials，2017，7(18)：1700779.

[49] Fu J，Cano Z P，Park M G，et al. Electrically rechargeable zinc-air batteries：progress，challenges，and perspectives. Advanced Materials，2017，29(7)：1604685.

[50] Lee J S，Tai Kim S，Cao R，et al. Metal-air batteries with high energy density：Li-air versus Zn-air. Advanced Energy Materials，2011，1(1)：34-50.

[51] Mainar A R，Iruin E，Colmenares L C，et al. An overview of progress in electrolytes for secondary zinc-air batteries and other storage systems based on zinc. Journal of Energy Storage，2018，15：304-328.

[52] Sambandam B，Soundharrajan V，Kim S，et al. Aqueous rechargeable Zn-ion batteries：an imperishable and high-energy Zn$_2$V$_2$O$_7$ nanowire cathode through intercalation regulation.

Journal of Materials Chemistry A，2018，6(9)：3850-3856.

［53］ Liu Z，Pulletikurthi G，Endres F. A prussian blue/zinc secondary battery with a bio-ionic liquid-water mixture as electrolyte. ACS Applied Materials & Interfaces，2016，8 (19)：12158-12164.

［54］ Kasiri G，Trócoli R，Hashemi A B，et al. An electrochemical investigation of the aging of copper hexacyanoferrate during the operation in zinc-ion batteries. Electrochimica Acta，2016，222：74-83.

［55］ Zhang N，Cheng F，Liu Y，et al. Cation-deficient spinel $ZnMn_2O_4$ cathode in $Zn(CF_3SO_3)_2$ electrolyte for rechargeable aqueous Zn-ion battery. Journal of the American Chemical Society，2016，138(39)：12894-12901.

［56］ Wang F，Borodin O，Gao T，Fan X，Sun W，Han F，Faraone A，Dura J，Xu K，Wang C. Highly reversible zinc metal anode for aqueous batteries. Nature Materials，2018，17：543-549.

［57］ Pan H，Shao Y，Yan P，et al. Reversible aqueous zinc/manganese oxide energy storage from conversion reactions. Nature Energy，2016，1(5)：1-7.

［58］ Song Y，Hu J，Tang J，et al. Real-time X-ray imaging reveals interfacial growth，suppression，and dissolution of zinc dendrites dependent on anions of ionic liquid additives for rechargeable battery applications. ACS Applied Materials & Interfaces，2016，8(46)：32031-32040.

［59］ Wan F，Zhang L，Dai X，Wang X，Niu Z，Chen J. Aqueous rechargeable zinc/sodium vanadate batteries with enhanced performance from simultaneous insertion of dual carriers. Nature Communication，2018，9：1656.

［60］ Lee T. Hydrogen over potential on pure metals in alkaline solution. Journal of the Electrochemical Society，1971，118(8)：1278-1282.

［61］ Choi K W，Bennion D N，Newman J. Engineering analysis of shape change in zinc secondary electrodes：I. Theoretical. Journal of the Electrochemical Society，1976，123(11)：1616-1627.

［62］ Dirkse T，Hampson N. The Zn(Ⅱ)/Zn exchange reaction in KOH solution—Ⅱ. exchange current density measurements using the double-impulse method. Electrochimica Acta，1972，17(3)：383-386.

［63］ Baugh L，Higginson A. Passivation of zinc in concentrated alkaline solution—Ⅰ. Characteristics of active dissolution prior to passivation. Electrochimica Acta，1985，30 (9)：1163-1172.

［64］ Chang T，Wang Y，Wan C. Structural effect of the zinc electrode on its discharge performance. Journal of Power Sources，1983，10(2)：167-177.

［65］ Wenjing Lu，Congxin Xie，Huamin Zhang，et al. Inhibition of zinc dendrite growth in zinc-based batteries. ChemSusChem，2018，11(23)：3996-4006.

［66］ Wang K，Pei P，Ma Z，et al. Dendrite growth in the recharging process of zinc-air batteries. Journal of Materials Chemistry A，2015，3(45)：22648-22655.

[67] Jung C Y，Kim T H，Kim W J，et al. Computational analysis of the zinc utilization in the primary zinc-air batteries. Energy，2016，102：694-704.

[68] Kim H，Jeong G，Kim Y U，et al. Metallic anodes for next generation secondary batteries. Chemical Society Reviews，2013，42(23)：9011-9034.

[69] Yi J，Liang P，Liu X，et al. Challenges，mitigation strategies and perspectives in development of zinc-electrode materials and fabrication for rechargeable zinc-air batteries. Energy & Environmental Science，2018，11(11)：3075-3095.

[70] 张行，朱黎霞，王效聪，等.二次锌-空气电池锌阳极研究新进展.中国有色金属学报，2020，30(8)：1895-1905.

[71] 郑艳姬，杨妮，李俊，等.锌空气电池枝晶生长模拟研究现状.云南冶金，2020，49(3)：37-43.

[72] Chang G，Liu S，Fu Y，et al. Inhibition role of trace metal ion additives on zinc dendrites during plating and striping processes. Advanced Materials Interfaces，2019，6(23)：1901358.

[73] 洪为臣，雷青，马洪运，等.锌空气电池锌负极研究进展.化工进展，2016，35(2)：445-452.

[74] Han C，Li W，Liu H K，et al. Principals and strategies for constructing a highly reversible zinc metal anode in aqueous batteries. Nano Energy，2020，74：104880.

[75] Zhang C，Wang J M，Zhang L，et al. Study of the performance of secondary alkaline pasted zinc electrodes. Journal of Applied Electrochemistry，2001，31(9)：1049-1054.

[76] Liu Y，Yang Z，Xie X，et al. Layered double oxides nano-flakes derived from layered double hydroxides：preparation，properties and application in zinc/nickel secondary batteries. Electrochimica Acta，2015，185：190-197.

[77] Li C，Xie X，Liang S，et al. Issues and future perspective on zinc metal anode for rechargeable aqueous zinc-ion batteries. Energy & Environmental Materials，2020，3(2)：146-159.

[78] Kang L，Cui M，Jiang F，et al. Nanoporous $CaCO_3$ coatings enabled uniform Zn stripping/plating for long-life zinc rechargeable aqueous batteries. Advanced Energy Materials，2018，8(25)：1801090.

[79] Ryu H，Sheng N，Ohtsuka T，et al. Polypyrrole film on 55% Al-Zn-coated steel for corrosion prevention. Corrosion Science，2012，56：67-77.

[80] Olad A，Barati M，Shirmohammadi H. Conductivity and anticorrosion performance of polyaniline/zinc composites：Investigation of zinc particle size and distribution effect. Progress in Organic Coatings，2011，72(4)：599-604.

[81] Schindhelm J，Giza M，Nikolov K，et al. Combination of zinc alloy coating with thin plasma polymer films for novel corrosion protective systems on coated steel. Surface and Coatings Technology，2011，205：S137-S140.

[82] Vasilakopoulos D，Bouroushian M. Electrochemical codeposition of PMMA particles with

zinc. Surface and Coatings Technology, 2010, 205(1): 110-117.

［83］ Li C, Shi X, Liang S, et al. Spatially homogeneous copper foam as surface dendrite-free host for zinc metal anode. Chemical Engineering Journal, 2020, 379: 122248.

［84］ Zeng Y, Zhang X, Qin R, et al. Dendrite-free zinc deposition induced by multifunctional CNT frameworks for stable flexible Zn-ion batteries. Advanced Materials, 2019, 31 (36): 1903675.

［85］ Wang F, Borodin O, Gao T, et al. Highly reversible zinc metal anode for aqueous batteries. Nature Materials, 2018, 17(6): 543-550.

［86］ Chae M S, Heo J W, Lim S C, et al. Electrochemical zinc-ion intercalation properties and crystal structures of $ZnMo_6S_8$ and $Zn_2Mo_6S_8$ chevrel phases in aqueous electrolytes. Inorganic Chemistry, 2016, 55(7): 3294-3301.

［87］ Cheng Y, Luo L, Zhong L, et al. Highly reversible zinc-ion intercalation into chevrel phase Mo_6S_8 nanocubes and applications for advanced zinc-ion batteries. ACS Applied Materials & Interfaces, 2016, 8(22): 13673-13677.

［88］ Li W, Wang K, Cheng S, et al. An ultrastable presodiated titanium disulfide anode for aqueous "rocking-chair" zinc ion battery. Advanced Energy Materials, 2019, 9(27): 1900993.

［89］ Wang Z, Hu J, Han L, et al. A MOF-based single-ion Zn^{2+} solid electrolyte leading to dendrite-free rechargeable Zn batteries. Nano Energy, 2019, 56: 92-99.

第 3 章

水系电解液

水系电解液为锌离子和阴离子在正负极之间的传输提供通道，可作为溶解反应物的载体，同时提供电极材料发生电化学反应的化学环境，是水系锌基电池的关键部件。水系电解液极大程度影响电池的稳定电压窗口、离子电导率、锌负极沉积/剥离可逆性、正极材料的反应特性等，因而对水系锌基电池的性能起着决定性作用。水系电解液的改性和优化，既是调节本征电压窗口、离子扩散速率的根本方法，也是解决锌负极枝晶、析氢、副反应，正极材料反应缓慢、组分溶解、界面阻抗增益、传质受阻等问题的重要策略。本章系统阐述水系电解液的电化学基础知识，包括水系电解液热力学和动力学基础，电化学稳定电压窗口所涉及的电化学知识。在此基础上，对当前锌基电池所用到的水系电解液展开综述，并以锌离子电池和锌空气电池体系为例，阐述水系电解液的组分（酸碱度、锌盐、添加剂等）对正负极材料和电池性能的影响机制。基于目前不同水系锌基电池体系遇到的问题，提出对水系电解液的优化目标，并详细阐述高浓度电解液、功能性添加剂、分离式电解液三种主流水系电解液的优化策略。

3.1 水系电解液电化学基础

根据电解液溶剂的差异，目前所研究并使用的电化学储能器件主要分为有机电解液类及水系电解液类。由于有机电解液在高电压（2.5～4V）下可以保持稳定，电化学稳定电压窗口宽，所组成的有机电解液类器件的工作电压和能量密度也较高。但易燃、有毒的特性严重限制了有机电解液的广泛应用。相比之下，由于水系电解液具有安全、环保、廉价、离子导电率高等优点，对水系电解液类储能器件的设计和优化已成为当前的发展趋势。

3.1.1 水系电解液热力学和动力学基础

3.1.1.1 析氧反应（OER）/析氢反应（HER）热力学电位

常见的水系储能器件主要为水系超级电容器和水系电池，其正常工作与否受制于水系电解液的稳定电压窗口。当水系电解液所处电场环境的电位低于析氢反应（HER）电位或高于析氧反应（OER）电位时，作为电解液溶剂的水会不可逆地分解成氢气和氧气，即水的电解反应：

$$H_2O \longrightarrow H_2 + \frac{1}{2}O_2 \tag{3-1}$$

在储能器件中，水的电解过程在正、负极上分别发生，其中在正极侧发生析氧反应：

$$2OH^- \longrightarrow H_2O + \frac{1}{2}O_2 + 2e^- \text{（中性/碱性环境）} \tag{3-2}$$

$$H_2O \longrightarrow 2H^+ + \frac{1}{2}O_2 + 2e^- \text{（酸性环境）} \tag{3-3}$$

在负极侧发生析氢反应：

$$2H_2O + 2e^- \longrightarrow H_2 + 2OH^- \text{（中性/碱性环境）} \tag{3-4}$$

$$2H^+ + 2e^- \longrightarrow H_2 \text{（酸性环境）} \tag{3-5}$$

只有当正负极之间的电势差足以克服水分解所需的最小势垒，以上反应才会发生。以析氧反应、析氢反应分别作为正、负极反应，构建可逆且没有外加电流的电池模型，其开路电位为正负极之间的平衡电势差，即水分解的平衡电极电位（ΔE°）：

$$\Delta E^\circ = E^\circ_{anode} - E^\circ_{cathode} \tag{3-6}$$

该平衡电位 ΔE° 与电解水反应的吉布斯自由能变 ΔG 有关，二者的关系可通过热力学算式(3-7) 表示：

$$\Delta G = -nF\Delta E^\circ \tag{3-7}$$

其中，n 是转移电子数；F 为法拉第常数。在 25℃、101.32kPa 的条件下，水发生分解的 ΔG 为 $+237.2 kJ \cdot mol^{-1}$，此时平衡电极电位 ΔE° 为 1.23V。综上，仅考虑热力学因素时，水在室温下难以自发分解成氢气和氧气，只有当外界提供足够的能量以克服水分解所需最小能垒时，水才会发生分解。

根据 Nernst 方程，电解液的 pH 对于调节 HER、OER 的电位有重要作用。

$$E = E^\circ - \frac{RT}{nF}\ln\frac{\alpha_R}{\alpha_O} \tag{3-8}$$

其中，R 为热力学常数；T 为热力学温度；α_R 与 α_O 分别为还原态与氧化态物质的活度。以酸性环境中负极上发生的 HER [式(3-5)] 为例，其理论电位（φ_{H^+/H_2}）可以表示为：

$$\varphi_{H^+/H_2} = \varphi^\ominus_{H^+/H_2} + \frac{RT}{F}\ln(\alpha_{H^+}) \tag{3-9}$$

其中，$\varphi^\ominus_{H^+/H_2}$ 为 HER 的标准电位（0V vs. SHE）；α_{H^+} 为水系电解液中 H^+ 的活度，其取决于电解液的 pH 值：

$$\alpha_{H^+} = 10^{-pH} \tag{3-10}$$

当 pH 值增大时，α_{H^+} 减小，也就意味着水系电解液中的 H^+ 活性减弱，此时 HER 的理论电位 φ_{H^+/H_2} 相对于标准电位 $\varphi^\ominus_{H^+/H_2}$ 来说更偏向负电位。因此，相对于酸性电解液而言，中性及碱性电解液的 HER 电位更低。实际上，这不仅会影响 HER 电位，同时也会影响 OER 电位。在常温常压下，HER 和 OER 的理论电位可进一步简化为：

$$\varphi_{H^+/H_2} = -0.0591 pH \tag{3-11}$$

$$\varphi_{H_2O/O_2} = 1.23 - 0.0591 pH \tag{3-12}$$

由此可见，HER 和 OER 的电极电势将随水系电解液 pH 值的增加而减小。但需要注意的是，通过调节电解液 pH 值只能改变电解液的电化学窗口的位置，而不能改变窗口的大小。以平衡电极电位为纵坐标、电解液的 pH 值为横坐标，即可得到水的平衡电位-pH 图（布拜图，Pourbaix diagram），如图 3-1 所示。该图可以直观地反映出电极电位与水系电解液环境的关系：当电极电位介于 OER 电位与 HER 电位之间（灰色区域）时，优先在电极上发生电极材料的电化学反应；当电极电位高于水的 OER 电位或低于 HER 电位时，优先在电极上发生水的 OER 或 HER。

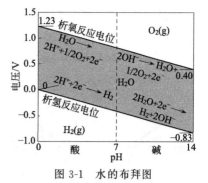

图 3-1 水的布拜图

3.1.1.2 OER/HER 动力学及影响因素

在热力学平衡电位下，正负极与水系电解液界面处 HER、OER 的动力学极其缓慢。考虑到活化势垒的存在以及较低的反应速率，需要高于平衡电位的过电位（η）才能启动水的分解反应。总过电位包括克服正、负极活化势垒所需过电位（$\eta_{cathode}$、η_{anode}）、电解液及电阻所造成的过电位（η_{other}）等，因此，正负极之间实际的电势差为：

$$\Delta E = \Delta E^{\circ} + \eta_{cathode} + \eta_{anode} + \eta_{other} \tag{3-13}$$

过电位的大小与电流密度、电极材料、水系电解液的 pH 值、温度等因素有关，本部分将对这些因素逐一进行分析。

（1）过电位与电流密度的关系

根据热力学算式（3-7）及阿伦尼乌斯公式（3-14），可将反应速率与电势差联系起来见式（3-15）：

$$k = \kappa \exp\left(-\frac{\Delta G}{RT}\right) \tag{3-14}$$

$$k = k^{\circ} \exp(-\beta f \Delta E) \tag{3-15}$$

式中，κ 为系数；k° 为标准速率常数；β 为传递系数；f 为 $F/(RT)$。以得电子反应 $O + e^{-} \rightleftharpoons R$ 为例，正向、反向反应速率常数分别为 k_f、k_b。正向反应速率 v_f 既可用反应物 O 的浓度变化表示，又可用阴极电流密度 $i_{cathode}$ 的变化表示，可得下式：

$$v_f = k_f c_O(0,t) = \frac{i_{cathode}}{nFA} \tag{3-16}$$

同理，对于反向反应速率 v_b，也可用下式表示：

$$v_b = k_b c_R(0,t) = \frac{i_{anode}}{nFA} \tag{3-17}$$

式中，$c_O(0,t)$、$c_R(0,t)$ 分别表示氧化态物质 O 与还原态物质 R 的浓度；A 为电流在电极上所通过的面积。而电极表面的电流密度 i 为正负极上的电流之差，即可得到电流与反应速率之间的关系：

$$i = i_{cathode} - i_{anode} = nAF[k_f c_O(0,t) - k_b c_R(0,t)] \tag{3-18}$$

可进一步推导出电流密度 i 与电极电位之间的关系（Bulter-Volmer 公式）：

$$i = nFAk^{\circ}[c_O(0,t)e^{-\beta f \Delta E} - c_R(0,t)e^{(1-\beta)f \Delta E}] \tag{3-19}$$

以酸性环境的 HER 式（3-5）为例，上式可简化为：

$$i = i_0[e^{-\beta f \eta} - e^{(1-\beta)f \eta}] \tag{3-20}$$

其中，i_0 为水发生分解时的交换电流密度。

若不考虑传质影响，且过电位较高（25℃下过电位大于 118mV）时，电流密度 i 与过电位 η 之间的关系可用 Tafel 公式(3-21) 描述：

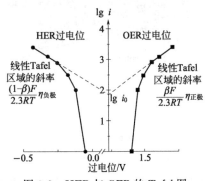

图 3-2　HER 与 OER 的 Tafel 图
（电流密度与过电位之间的关系[1] ）

$$\eta = a + b\lg i \qquad (3-21)$$

其中，$a = -\dfrac{2.3RT}{\beta F}\lg i_0$，$b = \dfrac{2.3RT}{\beta F}$。一般用斜率 b 与交换电流密度 i_0 来描述过电位与电流密度的对数之间的线性关系，该斜率也被称为 Tafel 斜率。由此，可推导出各电极上的过电位，并得到图 3-2 中的 $\eta - i_0$ 曲线。由图 3-2 也可以得到，当电流密度较大时，过电位会呈指数形式增大。

$$\eta_{\text{cathode}} = 2.3\,\frac{RT}{\beta F}\lg\frac{i}{i_0} \qquad (3-22)$$

$$\eta_{\text{anode}} = 2.3\,\frac{RT}{(1-\beta)F}\lg\frac{i}{i_0} \qquad (3-23)$$

（2）过电位与电极材料表面状态的关系

根据 Arrhenius 公式，反应的速率又可表示为：

$$k = \varepsilon e^{-\frac{E_a}{RT}} \qquad (3-24)$$

其中，E_a 为活化能；ε 为指前因子（也称为 Arrhenius 常数）。该式将活化能 E_a 与反应速率联系起来，而 E_a 的大小取决于材料的性质；同时，式(3-21) 中 a 项所含的交换电流密度 i_0 也是与电极表面进行可逆反应有关的电流。因此，电极材料及其表面情况也会对过电位及反应速率产生影响。

负极上的过电位与电极附近氢气的形成直接相关，而氢气的形成在本质上是由氢与电极表面之间的键决定的。析氢反应是多步反应：

$$H^+ + e^- \longrightarrow H_{ads}\,(\text{吸附氢的形成，Volmer step}) \qquad (3-25)$$

$$2H_{ads} \longrightarrow H_2\,(\text{化学吸附，Tafel step}) \qquad (3-26)$$

或 $\qquad H^+ + e^- + H_{ads} \longrightarrow H_2\,(\text{电化学吸附，Heyrovsky step}) \qquad (3-27)$

对于析氢反应，需要确定限速步骤以明确影响其反应速率的具体因素。若吸附氢的形成是限速步骤，那么增加电极材料中的原子台阶或空穴等可以在一定程度上增加电子转移，这可以成为氢的吸附中心；若氢的脱附为限速步骤，则对电极表面粗糙度等物理性质进行调节也可以增大反应的接触面积、防止气泡生成，因而加速电子转移，提高氢的脱附速率。

过电位的大小会使限速步骤发生变化。当过电位较小时，电子转移速度不如脱附速度快，那么氢的吸附将是反应速率的限速步骤。反之，当过电位足够大，氢的吸附速率大于脱附速率时，氢的脱附将是反应速率的限速步骤。

在正极上发生的析氧反应比析氢反应更为复杂，主要的微观机制如下：

$$OH^-_{ads} \longrightarrow OH_{ads} + e^- \qquad (3-28)$$

$$OH^- + OH_{ads} \longrightarrow O_{ads} + H_2O + e^- \qquad (3-29)$$

$$2O_{ads} \longrightarrow O_2 \qquad (3-30)$$

当电池处于低温环境中时，缓慢的电子转移式(3-28)会限制整体反应的速率；当电池处于高温环境中时，吸附氧之间缓慢的结合式(3-30)决定析氧反应速率。

反应速率随活化能的增加而降低。因此，在达到相同反应速率的前提下，降低电极材料的活化能也可以降低对过电位的要求。由于析氧过程十分复杂且不可逆，一般来说析氧过电位比析氢过电位更难降低。

（3）过电位与水系电解液的 pH 值的关系

电解液的 pH 值是电解质中 H⁺ 和 OH⁻ 浓度的指标，在 H⁺ 和 OH⁻ 参与的动态氧化还原反应中起着重要作用。HER 与 OER 的发生情况受电解液的酸碱度影响很大。换句话说，电解液的酸碱度是决定电解液稳定电压范围的关键因素之一。中性电解液中 HER 和 OER 的过电位比酸性和碱性电解液中的高得多。

pH 值的增加也可以视作界面附近区域内 H⁺ 的消耗或 OH⁻ 的产生。根据能斯特方程，中性电解质中 HER 的电极电位应该位于酸性或碱性电解质的 HER 电位之间。由于在极酸性和极碱性环境中，H⁺ 和 OH⁻ 的数量十分庞大，因此在电化学反应中 pH 值的变化可以忽略不计，其电位与初始电位基本一致；但在中性水系电解液中，H⁺ 和 OH⁻ 的浓度都很低，因此在电化学过程中部分水分解就会使得局部 pH 值大幅波动，从而导致 HER 的电极电位迅速降低。在中性电解液中也同样观察到了 OER 电位的增加，这提高了水性电解液的电压窗口的上限。

（4）影响过电位的其他因素

温度在一定程度上也会影响过电位的大小。忽略温度对指前因子 ε 的影响，对阿伦尼乌斯公式两边取对数后微分，可以得到：

$$\mathrm{d}\ln k = \frac{E_{\mathrm{a}}}{RT^2}\mathrm{d}T \tag{3-31}$$

显然，$\left|\dfrac{\mathrm{d}\ln k}{\mathrm{d}T}\right|$ 越大，意味着速率常数随温度的变化越明显。对一个具体的反应来说，反应温度越低，速率常数对温度的变化越敏感。阿伦尼乌斯公式中的活化能 E_{a} 默认是定值，但实际上其随温度而变化。对水的分解反应来说，当电解液温度升高时，过电位正向移动。

此外，电解液浓度也会影响 HER 和 OER 反应的过电位值。由于溶剂化离子与水分子的强烈相互作用，高浓度的电解液会降低水的活度，从而增加 HER 和 OER 的过电位。影响水分解的过电位的另一个因素是电解液与电极之间的界面情况。水系电解液与电极表面的润湿性较差会使有效表面积减小，从而导致界面电阻增大，就需要额外的电压来克服水溶液的电子/离子电阻。因此，通过合理的溶剂离子选择和水系电解液的优化，可以在一定程度上扩展 HER 和 OER 的过电位，提高水系电解液的电化学稳定电压窗口。

3.1.2 水系电解液稳定电压窗口

水的分解将水系电解液的理论电化学稳定电压窗口限制在 1.23V，因而极大地限制了高电压正极材料的使用。以目前主要的水系储能器件——电池与超级电容器为例，其工作电压 V 与能量密度 E_{b}、E_{c} 的关系为：

$$E_b = QV \text{（电池）} \tag{3-32}$$

$$E_c = \frac{1}{2}CV^2 \text{（超级电容器）} \tag{3-33}$$

式中，Q 为电池的容量；C 为超级电容器的电容。可以看出，储能器件的能量密度很大程度上取决于电极材料的工作电压。

为了提高水系储能器件的能量密度，目前的研究工作大多集中在开发具有更高电荷储存能力的电极材料及其结构设计等方面。然而，水系电解液自身较为狭窄的电化学稳定电压窗口也在很大程度上限制了电极的容量或电容的利用率。因此，对电极材料进行设计以期提高能量密度的能力十分有限，从水系电解液的角度进行改进更为有效。因为水系电解液的电化学稳定电压窗口是由水在负极上的 HER 电位与其在正极上的 OER 电位决定的，可以通过对电解液进行合理的设计来拓宽稳定电压窗口。

3.1.2.1 稳定电压窗口拓宽策略

对水系电解液进行设计以拓宽其电化学稳定电压窗口的主要策略有：pH 调节和电解液去耦合、水分子活度抑制、电解液-电极界面工程等。

如图 3-3 所示，基于水分解热力学的稳定电压窗口为 1.23V。考虑 OER 和 HER 的动力学因素，实际器件中水系电解液提供的稳定电压窗口可以提高到约 2V，例如工作电压约 2V 的铅酸蓄电池。在溶剂工程策略的相关研究中，有部分尝试是通过改变电解液的 pH 值来调节水分解的过电位，特别是抑制负极侧的 HER 来拓宽稳定电压窗口。但是，由于 HER 和 OER 的反应电压总体上伴随着 pH 值同步变化，所得到的总的稳定电压窗口并没有明显拓宽。因此，为了充分利用在碱性环境中负极的 HER 电位低、酸性环境中正极的 OER 电位高的特点，一个核心机制是采用电解液耦合的方法，即采用特定的隔膜（如离子选择膜、双极膜等）将电解液分离成不同 pH 值的两个部分，使正负极可以分别工作在电压有利的酸碱环境中。利用这种方法，可将水系电解液的电化学稳定电压窗口拓宽至 3V 左右。

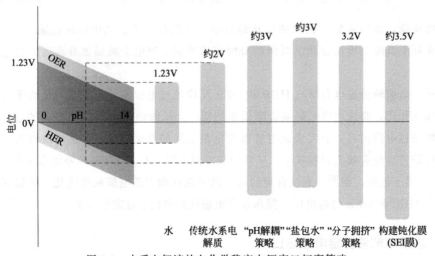

图 3-3　水系电解液的电化学稳定电压窗口拓宽策略

从本质上讲，水系电解液的电压窗口取决于水的分解反应，若在电极材料反应之前，水发生持续的分解反应，将导致电池器件的失效。因此如果以某种策略抑制甚至消除水的分解反应，水系电解液所能提供的电压窗口也随之大幅拓宽。当前，抑制和消除水的分解反应的策略包括水分子活度抑制、电解液-电极界面工程两种。

水分子活度与水的反应性密切相关。抑制水分子活度即可在某种程度上减小甚至消除水的分解。图 3-3 中展示了两种抑制水分子活度的具体机制。其一是"盐包水"（water-in-salt）电解液机制。即大幅提高水系电解液中的溶质含量，当电解液中溶质盐的体积和质量分数远超过水溶剂时，电解液中阳离子的溶剂化结构和水分子的存在形式与普通电解液相比发生根本性转变，水分子的活度得到有效抑制。此时 OER 和 HER 发生的电压与普通电解液相比分别向高电压和低电压方向移动，使两者之间的电压差得到大幅提高。当前，利用该途径可将水系电解液的电化学稳定电压窗口扩大至 3V 左右，可显著提高水系储能电池的工作电压及能量密度。除了在溶质角度进行调节以外，也可以在水溶剂的角度进行改进从而抑制水分子活度。基于此思路的一个典型策略是图 3-3 中展示的所谓"分子拥挤"策略。"分子拥挤"是一个生物学的概念，该现象在各类活细胞中普遍存在。当大分子或亲水小分子的浓度较高时，会改变溶剂分子的性质。将这一概念套用在水系电解液当中，其基本思路是通过在水溶剂中加入一定量的共溶剂，产成电解液中的"分子拥挤"作用，使水的氢键结构发生变化，进而降低水分子的活性，拓宽稳定电压窗口。

如果考虑实际电化学体系中发生的水分解过程，这一电化学反应除了需要水溶液中的离子转移以外，还需要外电路的电子转移，而水溶液中 H^+ 和 OH^- 的电子得失，必须在正负极表面发生。如果利用某种策略隔绝离子与电极表面的接触，也即切断电子通路，水的分解反应能够得到完全消除。电解液-电极界面工程策略正是基于这一机制而产生的。由于水分解的 OER 和 HER，其产物均为电解液之外的气体，因此无法形成离子和电极表面的屏蔽层，水分解反应持续发生。如果在水系电解液中，存在某种氧化还原反应，在电压上早于 OER 和 HER 发生，并且该氧化还原反应能够在电极表面生成一层离子导通而电子不导通的稳定保护膜，则可以隔离 H^+/OH^- 离子与电极之间的电子传输，切断水的分解反应，拓宽稳定电压窗口。该策略即为图 3-3 中所示的电解液—电极界面钝化方法，可将稳定电压窗口拓宽至 3.5V 左右。

3.1.2.2 pH 调节及电解液去耦合

根据 Nernst 方程与布拜图，HER 与 OER 的理论电势随水系电解液的 pH 值而变化（见图 3-4）：当水系电解液 pH 值为 14 时，负极上的 HER 将在 $-0.83V$（vs. SHE）下发生；当 pH 值为 0 时，正极上的 OER 将在 1.23V（vs. SHE）下发生。理论上，水系电解液的热力学稳定电压窗口不受 pH 值影响，始终为 1.23V。考虑到动力学因素，在电极表面发生的 HER 与 OER 均存在一定的过电位，稳定电压窗口扩大至 2.06V。如果正、负极分别于不同 pH 值的环境下工作，理论上电压窗口可以达到 3V 左右。在电化学储能器件的正负极之间加入合适的离子交换膜、微滤膜、超滤膜、反渗透膜等，均可起到将正负极处的电解液环境 pH 解耦、分离的作用。

由于酸性电解液中的 H^+ 与碱性电解液中的 OH^- 会发生酸碱反应（$H^+ + OH^- \rightleftharpoons H_2O$），二者难以共存于同一电解液环境之中。因此，需要在酸性电解液与碱性电解液之间加入合适的仅允许 H^+ 或 OH^- 通过的离子交换膜将二者隔开，以使负极侧的碱性环境与正极侧的酸性环境互不影响。采用阴离子交换膜、玻璃纤维隔膜、阳离子交换膜共同组成的双

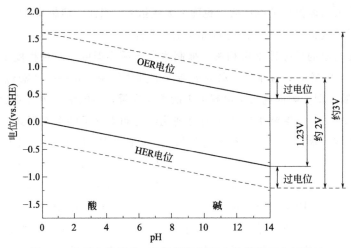

图 3-4   水系电解液的 pH 解耦以拓宽电化学稳定电压窗口

极离子交换膜，通过限制酸性电解液中的 H^+ 及碱性电解液中的 OH^- 的迁移，将 HER 与 OER 的反应环境分离，可将处于酸性环境 $0.1 mol \cdot L^{-1}$ H_2SO_4、$1 mol \cdot L^{-1}$ Na_2SO_4 的正极与处于碱性环境 $0.1 mmol \cdot L^{-1}$ NaOH、$1 mol \cdot L^{-1}$ Na_2SO_4 的负极所构成的水系电解液的稳定电压窗口扩展至 1.8V，当正负极均采用活性炭时，工作电压约为 1.77V，能量密度约 $12.7 W \cdot h \cdot kg^{-1}$。将 Nafion117 质子交换膜置于酸、碱性电解液之间，可将正极侧 pH＝0 的 H_2SO_4 与负极侧 pH＝14 的 NaOH 所构成的水系电解液的电压窗口扩展至 2V 左右。以铂电极为正极、涂覆 RuO_2 的玻碳电极为负极，工作电压约 1.75V，能量密度可达到 $120 W \cdot h \cdot kg^{-1[2]}$。而采用锂离子导体陶瓷膜（$Li_{1+x+y}Al_xTi_{2-x}Si_yP_{3-y}O_{12}$，LATSP）作为离子交换膜，可将正负极分别工作在酸性的 $1 mol \cdot L^{-1}$ H_2SO_4、$1.35 mg \cdot mL^{-1}$ $KMnO_4$ 与碱性的 $2 mol \cdot L^{-1}$ KOH、$2 mol \cdot L^{-1}$ LiOH 水系电解液的电压窗口扩展至 3V，当正负极分别采用钛网和金属锌时，其工作电压为 2.8 V，电池的理论能量密度可达 $454 W \cdot h \cdot kg^{-1[3]}$。

将正、负极所处的酸、碱电解液环境稳定地解耦分离是拓宽稳定电压窗口的关键。实际上，仅使用一个离子交换膜来分离正负极两侧所要求的强酸、强碱环境时，电池的容量极低。以 PbO_2-Zn 电池为例，仅利用一个 Nafion117 膜来分离 H_2SO_4 与 KOH 环境时，其放电容量低于 $0.5 mA \cdot h \cdot g^{-1}$。因此，可以分别利用阳离子交换膜和阴离子交换膜将 KOH、K_2SO_4、H_2SO_4 的三电解液分隔开。引入中性的 Na_2SO_4 可以缓冲离子交换膜两侧分离限度、优化正负极两侧 pH 的分离程度，提高储能器件的稳定性，延长其使用寿命。将金属锌电极与 PbO_2 电极分别浸入 $1 mol \cdot L^{-1}$ KOH＋$0.05 mol \cdot L^{-1}$ $Zn(CH_3COO)_2$ 和 $1 mol \cdot L^{-1}$ H_2SO_4 中，利用阳离子交换膜、K_2SO_4 溶液、阴离子交换膜分隔开，该电池体系的电压窗口可达 3V 以上，工作电压约 2.75V，能量密度可达 $33.7 W \cdot h \cdot kg^{-1[4]}$。

3.1.2.3 水分子活度调控

如 3.1.1.1 所述，通过抑制水分子的活度，可以有效调节水的分解电压，达到拓宽电化学稳定电压窗口的目的。根据 Nernst 方程，HER 与 OER 反应发生的电位为：

$$E_{HER} = E^\circ_{H_2/H_2O} - 2.303 \frac{RT}{F} pH - \frac{RT}{2F} \ln K \tag{3-34}$$

$$E_{OER} = E^{\circ}_{H_2O/O_2} - 2.303\frac{RT}{F}pH - \frac{RT}{4F}\ln(\alpha_{H_2O})^2 \tag{3-35}$$

式中，$E^{\circ}_{H_2/H_2O}$ 和 $E^{\circ}_{H_2O/O_2}$ 分别为 HER 和 OER 的标准电位；K 为水分子离子化的平衡常数；α_{H_2O} 为水的活度。可以发现，水的活度并不影响 HER 电位，但会极大地影响 OER 电位，且 OER 电位随着水的活度的减小而增大。因此，减小水的活度，可以拓宽水系电解液的电化学稳定电压窗口。在当前的研究中提出了超浓电解液、"分子拥挤"电解液及高浓度糖基电解液等策略，以达到减小水的活度、抑制 OER/HER 的目的。

增大水系电解液浓度可以在一定程度上抑制体系中水分子活度，从而拓宽其电化学稳定电压窗口。2015 年，研究人员首次提出"盐包水"电解液的概念：当电解液中溶质盐的质量和体积分数超过溶剂水的占比时，这种由高浓度盐所构成的水系电解液即为"盐包水"电解液（water-in salt electrolyte，WISE）[5]。在这类电解液中，由于自由水的占比较小，几乎全部的水分子都会参与金属离子的溶剂化，可用于分解的自由水很少，水的活度较低，抑制了 OER 的发生；同时，在负极表面会形成固态电解质中间相（solid electrolyte interphase，SEI）薄膜，将电解液与电极阻隔开，进一步抑制了水的分解。这种方法可以将水系电解液的稳定电压窗口拓宽至 3V 左右。

在稀的水系电解液中，阳离子一次溶剂化鞘层中有大量自由水分子存在［如图 3-5(a)所示］，几乎不会影响水的活度。而在高浓度的 WISE 中，盐的浓度会影响阳离子的溶剂化鞘层结构。以 LiTFSI 盐为溶质的超浓电解液体系为例，当盐的浓度达到 21mol·L⁻¹ 时，平均每个 Li⁺ 周围只有 2.6 个水分子，难以有效形成溶剂化鞘层结构，原来的 Li⁺ 溶剂化鞘层结构被破坏；水分子与 Li⁺ 之间存在强相互作用，几乎所有水分子都被限制在 Li⁺ 周围［如图 3-5(b) 所示］，大大减小了水的活度，增大了 OER 发生的过电位，有效地抑制了水的分解。因此，对于 WISE 来说，电压窗口的拓宽并非是正极侧与负极侧的电位对称拓宽，其对正极侧 OER 电位的提高更为显著。

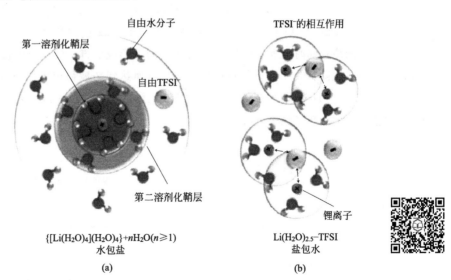

图 3-5　在稀电解液（a）中及"盐包水"电解液（b）中 Li⁺ 一次溶剂化鞘层的演化[5]

WISE 的电解液体系主要分为单盐系统和双盐系统。单盐系统，即使用一种盐作为溶质。例如，以 30mol·L^{-1} ZnCl$_2$ 为电解液、金属锌为负极、活性炭为正极的电化学系统，其稳定电压窗口可拓展至 2.3V[6]。根据阳离子溶剂化规律，WISE 中自由水的量会随水与阳离子之比的降低而减少，而自由水越少，水的活度越低，WISE 的稳定电压窗口越宽。因此，向电解液中引入其他溶质盐以降低水与阳离子之比，这种体系称为双盐系统。例如，向 21mol·L^{-1} LiTFSI 水系电解液中添加 7mol·L^{-1} LiOTf（如图 3-6 所示），该双盐系统在不影响离子电导率的情况下，将以 LiMn$_2$O$_4$ 为正极、TiO$_2$ 为负极的电池体系的稳定电压窗口由 3V 扩展至 3.1V[7]。除此之外，向 WISE 中加入离子液体以提高盐溶解度，引入高溶解度盐与作为活性载流子的难溶盐搭配以降低水与阳离子之比，引入其他添加剂以形成正极电解质中间相等，均为拓展双盐系统稳定电压窗口的有效途径。

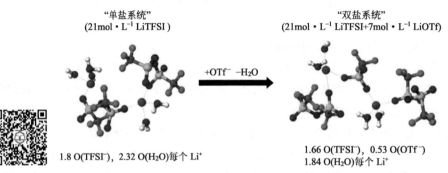

"单盐系统"
(21mol·L^{-1} LiTFSI)

+OTf$^-$ −H$_2$O

"双盐系统"
(21mol·L^{-1} LiTFSI+7mol·L^{-1} LiOTf)

1.8 O(TFSI$^-$), 2.32 O(H$_2$O)每个 Li$^+$

1.66 O(TFSI$^-$), 0.53 O(OTf$^-$)
1.84 O(H$_2$O)每个 Li$^+$

图 3-6　7mol·L^{-1} LiOTf 对超浓电解液中 Li$^+$ 溶剂化结构的影响[7]

向水系电解液中引入其他溶剂，也可以有效拓展电化学稳定电压窗口。在生物领域中，有一个常见的现象——"分子拥挤"，用于描述细胞中大分子（蛋白质、多糖等）或亲水小分子（代谢物质、渗透物质等）的浓度达到 80mg·mL^{-1} 时，溶剂分子的性质会发生实质性改变。这种拥挤的环境导致水的氢键结构发生变化，使水的活度降低。水溶性的聚乙二醇（PEG）可作为分子拥挤剂引入水溶剂中，其具有较强的使 Li$^+$ 发生溶剂化的能力，可以将 Li 盐很好地溶解在 PEG-H$_2$O 的溶剂中。PEG 中的氧原子与 H$_2$O 中的氢原子之间相互作用，破坏水中的氢键网络；同时，水分子与 PEG 分子之间会形成氢键，使水分子被束缚在 PEG 分子周围，水的活度降低，水分解的过电位增大，从而达到拓展稳定电压窗口的目的。其中，以 94% PEG-6% H$_2$O 作为 2mol·L^{-1} LiTFSI 电解液溶剂，LiMn$_2$O$_4$ 为正极，Li$_2$TiO$_3$ 为负极的电池体系的电化学稳定电压窗口可扩展至 3.2V（如图 3-7 所示）[8]。

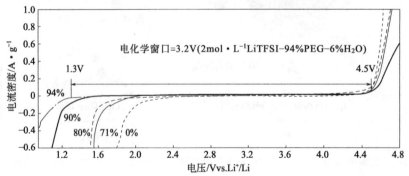

图 3-7　2mol·L^{-1} LiTFSI-xPEG-(1$-x$)H$_2$O（$x=0$、71%、80%、90%、94%）的电化学稳定电压窗口[8]

除利用溶剂改变氢键结构外，有一部分溶质也可以影响溶剂水中的氢键结构。不同水分子中的氢、氧原子之间会形成氢键，氧原子上的孤对电子也可以接受其他分子中提供的氢原子。含有大量羟基的分子（如醇类、羧酸类、酮类、酰胺类等）易溶于水，且易与水形成氢键，抑制水的活度，起到拓宽电压窗口的作用，如图 3-8 所示。以高浓度糖基电解质为例，该类电解质可有效减少游离水分子，破坏水分子的四面体结构和氢键，降低水的活度，抑制 HER 与 OER 的发生，可将电化学稳定电压窗口扩展至约 2.8V[9]。

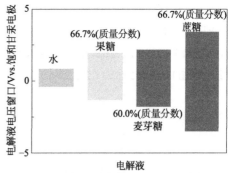

图 3-8　水与各类超浓溶液的电化学
稳定电压窗口比较[9]

3.1.2.4　电解液-电极界面工程

在有机电解液中，由于电解质的分解，储能器件在第一圈充放电时在电极与电解液的界面处形成一层只允许离子导电而不允许电子导电的固态电解质中间相（solid-electrolyte interphase，SEI）。SEI 膜的存在又将电极与电解液阻隔开，使电解液不会进一步发生分解，在一定程度上拓宽了电解液的电化学稳定电压窗口。但在稀的水系电解液中，由于溶剂水的分解产物为 H_2、O_2 等，无法沉积在电极表面，难以在电极表面形成膜，制约水系电解液电压窗口的关键因素始终是水在正负极表面的分解。因此，在电极表面形成或构造合适的钝化膜以阻碍水分子与电极之间的接触，阻碍 HER 或 OER 的发生，可在一定程度上拓宽水系电解液的电化学稳定电压窗口。根据目前的研究情况，采取的策略主要有："盐包水"电解液中盐阴离子的优先还原、具有界面形成能力的添加剂的引入以及人工"SEI"膜的构建。

在以 LiTFSI 盐为溶质的超浓电解液中，"盐包水"的结构使电解液中的 TFSI⁻ 比独立的 TFSI⁻ 的还原电位更高，且高于水的 HER 电位。因此，在水的 HER 发生之前，TFSI⁻ 已经被还原并在电极表面生成固态电解质中间相层（如图 3-9 所示），进一步增大了水发生 HER 的过电位，从而拓宽了水系电解液的电压窗口。这种情况也会发生在双盐体系中，由 $20\text{mol} \cdot \text{L}^{-1}$ LiTFSI 与 $1\text{mol} \cdot \text{L}^{-1}$ $Zn(CF_3SO_3)_2$ 所组成的双盐超浓电解液可将水系锌离子电池的电压窗口拓宽至 2.6V[10]。

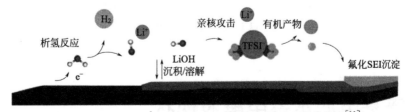

图 3-9　$20\text{mol} \cdot \text{L}^{-1}$ LiTFSI WISE 负极表面 SEI 形成机理[11]

向水系电解液中引入少量具有界面形成能力的添加剂，其在充放电中发生吸附或分解等过程，并在电极表面原位形成致密的钝化层，将水分子与电极表面隔开，HER 或 OER 难以发生，水系电解液的电压窗口得以拓宽。例如，将十二烷基硫酸钠（SDS）引入电解液中，SDS 分子受静电作用的影响被吸附在电极表面，将水与电极阻隔开，有效抑制了 HER 和 OER 的发生。在以 $Na_2MnFe(CN)_6$ 为正极、金属锌为负极的电池体系中，向 $1mol \cdot L^{-1}$ Na_2SO_4 和 $1mol \cdot L^{-1}$ $ZnSO_4$ 的混合水系电解液中加入 $0.0008mol \cdot L^{-1}$ SDS 时，其电化学稳定电压窗口约为 2.5V（见图 3-10），工作电压约为 $2V^{[12]}$。

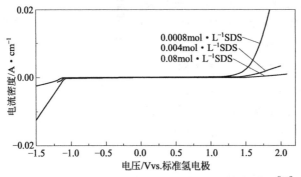

图 3-10 不同 SDS 浓度电解质的电化学稳定电压窗口[12]

除储能器件充放电过程中在电极表面生成钝化膜外，也可以通过构建人工"SEI"膜的方式来拓宽电压窗口。这就要求该类保护膜既能阻断水分子与电极的接触，又要具有较好的离子导电性。例如，LISICON（由 Li_2O、Al_2O_3、SiO_2、P_2O_5、TiO_2、GeO_2 等组成）薄膜在室温下的电导率约 $0.1mS \cdot cm^{-1}$，将其涂覆在锂金属负极表面，并与 $LiMn_2O_4$ 组成电极对［如图 3-11(a)］，以 $0.5mol \cdot L^{-1}$ Li_2SO_4 作为电解液，该电化学器件的工作电压可达 4V 以上［如图 3-11(b)］[13]。

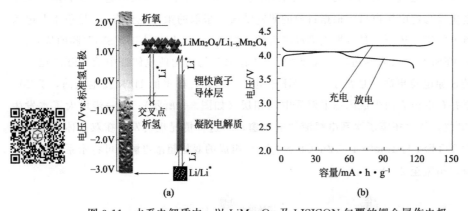

图 3-11 水系电解质中，以 $LiMn_2O_4$ 及 LISICON 包覆的锂金属作电极

(a) Li^+ 的电位示意图；(b) $100mA \cdot g^{-1}$ 的电流密度下，在 $3.7\sim4.25V$ 的电压窗口之间充放电的恒流充放电曲线[13]

3.2 锌基电池水系电解液现状

作为电池内部正负极之间提供载流子的介质，电解液对电池的电化学反应与性能表现起到了至关重要的作用。随着锌基电池的发展，应用于不同体系锌基电池的水系电解液被不断地研究与开发。从传统的以稀盐酸或硫酸锌、硫酸铜溶液作电解液的锌-铜一次电池和以

氢氧化钾溶液作电解液的锌-氧化银一次电池，到当今处于研究前沿的水系锌离子二次电池、锌空气电池等体系，越来越多具有不同的化学、电化学特性的电解质受到了研究者们的关注，当前处于逐步深入研究的阶段。本节将首先给出锌基电池水系电解液目前发展的概述，随后以锌离子电池和锌空气电池两个重要体系为例进一步深入阐述锌基电池中水系电解液的发展状况以及存在的问题。

3.2.1 锌基电池水系电解液概述

目前，锌基电池电解液可以分为水系电解液和非水系电解液。非水系电解液由有机电解液、离子液体和准固态/固态电解液组成。本书的论述重点是水系电解液，因此不对非水系电解液进行过多介绍。

当前，一种被广泛接受的锌基电池中水系电解液的分类标准基于锌金属负极在不同电解液中的反应机制。首先，锌金属负极在不同酸碱度电解液中的电化学反应也存在不同。

在酸性与中性条件下：

$$Zn \longrightarrow Zn^{2+} + 2e^-$$ （3-36）

在碱性条件下：

$$Zn + 2OH^- \longrightarrow ZnO + H_2O + 2e^-$$ （3-37）

其次，由于锌金属在水系电解液中存在热力学不稳定的问题，在不同酸碱度的电解液环境中都出现锌溶解和氢气析出（锌腐蚀）现象。锌在 pH 值小于 4 的强酸性条件下不会形成钝化的氧化锌层，会溶解生成 Zn^{2+}；当锌处于 pH 值在 4～6 的弱酸溶液时，具有保护性的氧化物膜会在锌表面生成，使锌金属的溶解程度随 pH 值增加而下降，但表面蓬松多孔的氧化锌并不能如致密的氧化铝膜般成为有效的钝化层从而阻止锌溶解；在中性或弱碱性条件下，锌金属表面会出现较为稳定的锌腐蚀产物 $Zn(OH)_2$；当溶液 pH 值高于 9 时，锌表面起保护作用的氧化物和氢氧化物会倾向于和 OH^- 发生反应，溶解生成锌酸根离子 $[如 Zn(OH)_3^-]$，导致锌的溶解程度会随着 pH 值的升高而再次增加。值得注意的是，除去 Pourbaix 图所体现的平衡电位与 pH 值，锌的溶解、腐蚀行为还受到电解液中的离子扩散效率和实时工作条件影响。这些因素会从动力学角度出发影响锌金属负极的电化学工作过程，从而可能加剧锌负极的枝晶、形变、腐蚀和钝化问题。显然，在锌基电池中锌金属负极不可避免地受到电解液酸碱度的影响。不同 pH 区间的电解液具有各自的优点与缺点，适用于特定的锌基电池体系。基于以上讨论，水系锌基电池电解液根据溶液的酸碱程度，可以分为碱性电解液（pH>8）、中性或弱酸性电解液（4<pH<8）、强酸性电解液（pH<4）。

碱性电解液广泛应用于一次/可充电锌空气电池、碱性可充电锌-锰电池、锌-镍电池和锌-氧化银电池等锌基电池体系。LiOH、NaOH 和 KOH 这三种碱是最为常见的电解质，具有良好的锌盐溶解度和离子导电特性，能够给锌基电池提供良好的电化学稳定性和电化学动力学特性。在这三种碱性电解质中，Li^+、Na^+、K^+ 的离子当量电导率分别为 $38.7\Omega^{-1} \cdot cm^2 \cdot equiv^{-1}$，$50.11\Omega^{-1} \cdot cm^2 \cdot equiv^{-1}$，$73.50\Omega^{-1} \cdot cm^2 \cdot equiv^{-1}$[14-16]。其中，由于水溶液中 K^+ 的水合离子半径最小，所以离子传输阻力最小。同时，在同浓度的三种碱性电解质溶液中，KOH 还具有最低的共晶冰点，能够拓宽水系锌基电池的工作温度。因此，KOH 基电解液能更好地适应实际应用场景，是研究最多、使用最广泛的碱性电解液。此外，KOH 溶液的浓度和水溶液的离子电导率成正比，但浓度过高会增加电解液的黏度，超过一定浓度后会降低电解液的离子电导率，加剧锌金属负极的溶解、腐蚀，促进枝晶生长。有研究表明在 $6\,mol \cdot L^{-1}$ KOH 溶液中，锌金属负极具有综合最优的离子电导率和抑制锌溶解、腐蚀的性能[17]。但碱性电解液的使用也仍存在锌溶解和腐蚀析氢加剧锌枝晶生长、不溶性碳酸盐沉淀导致表面钝化等问题。这些问题可以通过在溶液中引入某些添加剂进行缓解，这一部分将在本章 3.3 节详细介绍。

相较碱性电解液，中性或弱酸性电解液能够减少不溶性碳酸盐的生成与锌金属的腐蚀行为，减缓锌枝晶形成，进而优化电池库仑效率及循环稳定性。中性或弱酸性电解液通常应用于锌离子电池（如典型的可充电锌-锰电池、锌-碘电池等）和锌离子混合电池，并且近年来也有应用于锌空气电池的趋势。在水溶液中呈中性或弱酸性的可溶电解质盐的阳离子一般有 Li^+、Na^+、Zn^{2+}、Mg^{2+}、NH_4^+。而按照阴离子种类，电解质可以分成氯化物电解质（如 NH_4Cl、$ZnCl_2$ 等）、无机电解质（如 SO_4^{2-}、NO_3^-、F^- 等）和有机电解质（如 CH_3COO^-、$CF_3SO_3^-$、$TFSI^-$ 等）。

相较于上述两种电解液，强酸性电解液比较少地被应用在可充电锌基电池中。在酸性电解液中锌金属负极的电极电势也较中性和碱性电解液中更高，不利于全电池较大的电压输出。同时，尽管强酸性电解液在抑制钝化和枝晶形成方面效果显著，但是强酸性电解液会给锌金属提供一个剧烈溶解、腐蚀析氢的环境，带来非常短的实际使用寿命。但是，这一结论也不是绝对的，需要对于具体情况下不同的酸根离子进行区别性分析。例如，有报道称，使用甲烷磺酸作为电解液，锌-铈液流电池利用有机的甲烷磺酸根离子在锌金属表面形成钝化层，从而避免强酸对锌金属的严重腐蚀，增强锌负极的稳定性，提升电池的使用寿命[18,19]。

不论是上述何种水系电解液，其使用中均会遇到与锌金属负极、水溶剂有关的问题，在全电池层面上还存在正极匹配等问题。应对这些问题除了需要选择合适的电解液之外，往往还需要采取对电解液浓度加以控制，或者额外引入起到不同作用的添加剂等策略，这部分内容将在本章 3.3 节进行详细介绍。

上述对水系电解液的介绍是针对水系锌基电池这一大概念进行的，为了进一步深入地讲述不同类别的水系电解液在锌基电池中应用的性质特点以及存在的问题，本书以锌离子电池和锌空气电池两个主要的二次锌基电池为例，系统讨论应用于此二体系的水系电解液的现状。

3.2.2 锌离子电池水系电解液

锌离子电池水系电解液通常由可溶的一种或多种含锌盐的水溶液组成。目前研究较多的可溶性锌盐基于阴离子的不同可以分为无机阴离子类电解质和有机阴离子类电解质。常用的无机阴离子类电解质有 $ZnSO_4$、$Zn(NO_3)_2$、$ZnCl_2$、ZnF_2、$Zn(ClO_4)_2$ 等，有机阴离子类电解质主要包含 $Zn(CH_3COO)_2$、$Zn(TFSI)_2$ 和 $Zn(CF_3SO_3)_2$ 等。各类锌盐电解质由于具有不同的阴离子，会表现出不同的化学与电化学特性。

无机阴离子类电解质中，$ZnSO_4$、$Zn(NO_3)_2$ 是最常见的锌离子电池电解质。$ZnSO_4$ 的正极匹配性十分优秀，并且具有价格低廉的显著优势，有利于商业化生产。但其在电池充放电过程中，副产物 $Zn_4(OH)_6SO_4 \cdot 5H_2O$ 容易在正负极表面生成（副反应方程：$4Zn^{2+} +$

$SO_4^{2-} + 6OH^- + 5H_2O \Longrightarrow Zn_4(OH)_6(SO_4) \cdot 5H_2O$。若副产物在锌负极表面生成堆积会增加电池阻抗，损害容量；但若在正极材料上生成堆积则通常可以起到稳定正极材料结构的作用，从而有利于保持容量。不论起到哪种效果，副反应均会消耗电解液中的水和 OH^-，在电极表面周围形成酸性环境，加剧锌金属溶解析氢的腐蚀行为。此外，在使用 $ZnSO_4$ 电解液的 Zn-MnO_2 锌离子电池中，正极材料的溶解现象较为严重，通常需要加入额外的 $MnSO_4$ 添加剂[20]。

$Zn(NO_3)_2$ 能够和 MnO_2、V_2O_5 和 PBAs 等多种常见正极材料匹配，组装成锌离子电池，发挥电池的电化学性能[21-23]。但 NO_3^- 的强氧化特性使 $Zn(NO_3)_2$ 在特定的应用体系上存在一定的局限性。例如在 CuHCF-Zn 电池中，NO_3^- 的强氧化性使得正极材料和锌金属快速退化，导致电池迅速失效[24]。$ZnCl_2$ 多用于凝胶电解质，Cl^- 可以有效降低水合锌离子基团的去溶剂化能垒，提高电池性能，但 Cl^- 也存在热力学方面的问题，在某些条件下有可能会出现氯气析出现象，严重影响电池性能。20℃时，ZnF_2 在 100mL 水溶液中仅能溶解 1.5g 左右，对应的浓度为 $0.15mol \cdot L^{-1}$，较低的溶解度限制了其作为锌基电池水系电解液的应用。$Zn(ClO_4)_2$ 常被应用在以 CuHCF 和 NiHCF 为正极的锌离子电池中，但是该电解液通常会造成电池较大的极化现象，影响电池的实际性能；此外，ClO_4^- 有可能会被还原分解为 Cl^- 和 OH^-（反应式为 $ClO_4^- + 4H_2O + 8e^- \Longrightarrow Cl^- + 8OH^-$），造成对锌金属负极的腐蚀[24]。两种及以上的可溶性中性或弱酸性锌盐同样也可以混合用作锌离子电池电解液，以起到单一电解质不能实现的正面效果[25]。例如有报道称，在锌离子电池中使用 $ZnSO_4$-$Zn(NO_3)_2$ 混合电解液能够降低锌的氧化还原电位，提高析氢过电位，有利于锌金属负极稳定的沉积/剥离，增强电池的循环稳定性[23]。

有机阴离子类电解质 $Zn(CH_3COO)_2$、$Zn(TFSI)_2$ 和 $Zn(CF_3SO_3)_2$ 均具有优秀的正极匹配能力。其中 $Zn(CH_3COO)_2$ 能和聚阴离子正极 $[Na_3V_2(PO_4)_3]$、FeHCF（六氰基铁酸铁）和 $Na_{0.95}MnO_2$ 正极匹配，$Zn(TFSI)_2$ 和 $Zn(CF_3SO_3)_2$ 则常被应用于以 MnO_2、V_2O_5 为正极的锌离子电池中。值得注意的是，使用 $Zn(CF_3SO_3)_2$、$Zn(TFSI)_2$ 电解质的锌离子电池表现出更为优异的循环稳定特性。究其原因，电解质中的有机阴离子（如 $CF_3SO_3^-$、$TFSI^-$）能够有效改变锌离子的溶剂化结构。以 $Zn(CF_3SO_3)_2$ 为例，图 2-10 展示了 $ZnSO_4$ 和 $Zn(CF_3SO_3)_2$ 的结构和沉积/剥离性能[26]。体积较大、结构稳定的亲水有机阴离子 $CF_3SO_3^-$，可以减少 Zn^{2+} 周围的水分子数量，有效降低水合锌离子溶剂化效应，有利于 Zn^{2+} 的离子传输，进而改善锌负极枝晶问题。这种阴离子种类调变优化电池整体性能的相关研究，前期广泛存在于在锂离子电池等的有机溶剂体系中，近期也逐渐过渡到水系电解液电池体系中，包括水系锌基电池。当然，对于有机阴离子类电解质，高昂的成本价格是不容忽视的一个问题。例如：尽管 $Zn(CF_3SO_3)_2$ 和 $Zn(TFSI)_2$ 的适用性和性能十分优秀，但是其成本价格是 $ZnSO_4$ 的数十倍，严重限制了其商业化使用。

3.2.3 锌空气电池水系电解液

具有高理论比能量的可充电锌空气电池一直是水系锌基电池的重点研发体系。但是锌金属负极较短的使用寿命和氧析出/氧还原双功能催化剂空气电极较高的过电位降低了库仑效率和输出功率，限制了其进一步的应用。当前对锌负极和空气电极大量的研究工作，使电解液越来越成为整个体系中最短的一块板。通过开发合适的电解液体系以解决上述电池器件层面存在的比能量、功率、效率、寿命等问题，近年来已经成为开发高性能锌空气电池的一个重要思路。

与其他锌基电池体系不同，锌空气电池具有特殊的半开放结构。因此锌空气电池在工作过程中，其水系电解液不可避免地会吸收环境中水分或者蒸发电解液中部分水分。在高度潮湿的环境中，水的积累将会限制氧气运输到催化剂的活性位点，并且由于氧气在水中的扩散受到限制，正极的电化学活性将会降低。此外，随着工作时间的增长和水分的大幅增加，电解液的稀释会降低离子的电导率，从而导致内阻增加。相反地，若电解液蒸发发生时，过多的失水会使电解液的浓度增大，从而对放电反应产生不利影响。

锌空气电池水系电解液除由半开放结构造成的特殊性以外，还存在不同酸碱性电解液下空气正极电化学反应路径不同的特性。这一特性会和锌金属负极在不同酸碱性电解液下的不同反应产生叠加效果。表 3-1 展示了锌空气电池在不同酸碱性水系电解液的电化学特性。

表 3-1　锌空气电池在不同酸碱性水系电解液的电化学特性

水溶液酸碱度	空气电极反应	平衡电位/V	锌电极反应	平衡电位/V	电池电压/V
碱性	$O_2 + 2H_2O + 4e^- \rightleftharpoons 4OH^-$	0.40	$Zn + 2OH^- \rightleftharpoons ZnO + H_2O + 2e^-$	-1.26	1.66
中性	$2H^+ + 1/2O_2 + 2e^- \rightleftharpoons H_2O$	1.23	$Zn \rightleftharpoons Zn^{2+} + 2e^-$	-0.76	1.96
酸性	$O_2 + 4H^+ + 2e^- \rightleftharpoons 2H_2O$	1.23	$Zn \rightleftharpoons Zn^{2+} + 2e^-$	-0.76	1.96

锌金属负极在不同的电解液体系具有不同的优缺点。碱性电解液能使锌金属在锌空气电池中具有高的电化学可逆性和快的动力学表现，并且其还具有低温性能好、离子电导率高、寿命长、无毒等优点，是锌空气电池最广泛使用的电解液类型。但碱性电解液的缺点同样明显，包括在锌空气电池中容易发生锌的溶解、氢气的析出、不溶性碳酸盐的析出等问题。其中锌的溶解、氢气的析出、不溶性碳酸盐的析出问题在第 2 章锌负极部分有详细论述，本节简要介绍这些缺点给锌空气电池带来的负面影响。

在碱性水溶液中，锌金属的溶解度对二次锌空气电池的电化学性能表现具有重大影响。锌的高溶解度会导致溶液中的 $Zn(OH)_4^{2-}$ 锌酸盐饱和，甚至过饱和。这会加剧锌的形状变化和枝晶的生长行为，致使电池性能下降。极端情况下会产生由枝晶树突过度生长造成的内部短路，严重影响锌空气电池的循环稳定性。此外，锌金属溶解过程还可能在锌表面生成一层无电化学活性的钝化层，阻止参加电化学反应的 OH^- 在锌负极表面的扩散，损害锌负极的电化学表现。热力学不稳定的锌金属在碱性电解液中也会发生析氢反应，出现锌腐蚀加剧锌枝晶的生长，并且析出的氢气致使电池内部压力过大，可能导致电池破裂，电解液泄漏，最终电池失效。暴露在外界的碱性锌空气电池中，电解液中的 OH^- 会和空气中的 CO_2 反应生成 HCO_3^-/CO_3^{2-}。溶解度较低的碳酸盐析出会影响锌空气电极的电化学表现，此外电解液中的 OH^- 被消耗生成离子电导率较低的 HCO_3^-/CO_3^{2-}，电解液整体的离子电导率下降。

由于锌空气电池中碱性电解液的使用带来一系列问题，研究者们近年来也开始转向开发中性或弱酸性电解液，利用偏中性的环境阻止电解液溶解 CO_2 带来的相关问题，以及缓解围绕锌金属溶解产生的一系列问题，特别是枝晶生长问题。

有报道可充电锌空气电池使用的中性水系电解液和 Leclanché 电池使用的 $ZnCl_2/NH_4Cl$ 电解液体系一致[27,28]。表 3-2 展示了中性的氯基电解质和其他可溶盐电解质。值得注意的是，此类偏中性电解液通常包含一种或两种电解质盐。Tomas Goh[27] 等开发使用偏中性的电解液 [由 $0.51\,mol \cdot L^{-1}$ $ZnCl_2$，$2.34\,mol \cdot L^{-1}$ NH_4Cl，1000ppm（$1ppm = 10^{-6}$）PEG 和 1000ppm 硫脲组成] 应用于可充电锌空气电池，能够有效抑制锌枝晶的生长和碳酸盐的形成。研究指出 NH_4^+ 对于锌离子在锌金属表面形成稳定的锌络合物钝化层有关键作用，能够优化锌的溶解/沉积行为，提高电池的稳定性。但氯基电解液也存在一些热力学上的问题，Cl^-/Cl_2 的平衡电位为 1.36V（vs. SHE），与析氧的平衡电位十分接近。并且在氯离子富集的溶液环境里，氯气生成反应相比析氧反应更容易发生，降低了锌空气电池的充电效率。氯气生成后容易溶于水生成 HCl 和 $HClO^-$，会改变电解液的酸碱度，影响锌金属负极在电解液中的行为。所以一般会在溶液中添加 $CoCl_2$、IrO_2、可溶性锰盐和尿素等添加剂来加强析氧反应或者和氯离子反应来抑制氯气的生成。

表 3-2　锌空气电池中中性氯基电解质和其他可溶盐电解质

电解质类型	电解质
氯基电解质	$LiCl$、$NaCl$、KCl、NH_4Cl、$MgCl_2$、$ZnCl_2$、$SnCl_2$、$HgCl_2$、$PbCl_2$、$CdCl_2$、$BiCl_3$……
其他可溶盐电解质	BO_3^{3-}、BF_4^-、CO_3^{2-}、$CH_3SO_3^-$、ClO_4^-、MnO_4^-、NO_3^-、PO_4^{3-}、SO_4^{2-}……

与碱性和中性电解液相比，强酸性电解液很少被使用在可充电锌空气电池中。正如前文所说，强酸条件下锌的溶解度很高，电池寿命短，并且空气电极部分还需要特殊的催化剂和载体来解决强酸性溶液带来的相关问题。但是，在酸性电解液中，空气正极较高的反应电压对于器件比能量密度来讲是一个巨大的优势。因此，开发能够在一定程度上缓解强酸中锌负极的溶解和腐蚀问题，同时保证空气正极较高的反应电压的新型酸性电解液，是提升锌空气电池极具潜力的研究思路。当前，沿此思路出现了一些具有启发性的研究工作。例如，锌空气电池体系使用 H_2SO_4、H_3PO_4、H_3BO_3 和三者混合溶液的强酸性溶液作为电解液[29]。其中 H_2SO_4 的电化学效果最好，其电化学反应为：正极部分 $1/2O_2 + 2H^+ + 2e^- \rightleftharpoons H_2O$；负极部分 $Zn + SO_4^{2-} \rightleftharpoons ZnSO_4 + 2e^-$。将其和 H_3PO_4 混合后，利用磷酸锌有限的溶解度能够在锌金属表面形成钝化层，改善锌金属负极的腐蚀问题，这样可以充分利用强酸性电解液下枝晶无法生长和二氧化碳吸收少的优势。在一定程度解决强酸性电解液中锌金属负极的问题的前提下，实现利用空气正极的高电压优势。

3.3　锌基电池水系电解液的优化

3.3.1　水系电解液的优化目标

目前商用锂离子电池虽然具有能量密度高、循环稳定性好、能量效率高等优点，但其使用的可燃有机电解质存在不容忽视的安全性问题；器件中不可或缺的锂元素在自然界丰度较低且分布不均，提高了器件的制造和运行成本。水系锌基电池由于使用不可燃水系电解液，其安全特性十分优秀。此外，相较于有机电解液和锂，水系电解液和锌具有价格优势，能大幅降低电池的成本，有利于产业发展。水系锌基电池中，多种一次电池已经是广泛使用的成熟商业品，如碱性锌二氧化锰电池、锌氧化银电池等。对于二次可充电电池体系，水系锌基电池发展较为缓慢，目前处于研究前沿的主要是锌空气电池和锌离子电池。尽管在理论上，锌空气电池和锌离子电池具备水系锌基电池高容量、高安全、低成本的优势，但在实际电池器件中，电解液中水溶剂的使用带来了一系列不可避免的问题，这些问题在某种程度上极大地限制了锌基电池的比能量、能量效率、循环寿命、高低温性能等。对这些水溶剂带来的问题进行归纳和理解，有助于从优化水系电解液的策略出发解决这些问题。水系锌基电池中，与水溶剂相关的问题主要分为以下几类。

（1）水溶剂的本征问题

首先，水系锌基电池需要在稳定的电压窗口内进行充放电反应，使其处于正常的工作状态。但是水系电解液中的溶剂水受到析氢反应电位和析氧反应电位的限制，需要考虑水在热力学条件下发生分解反应的平衡电位。而由热力学计算得到该平衡电位差值为1.23V。这便是水系电解液的热力学稳定窗口。值得注意的是，该窗口大小并不随pH值变化，但窗口位置会随pH值发生改变。相较电压窗口通常大于3V的有机体系电解液，窗口较小的水系电解液因此限制了电池的容量，缩小了水系锌基电池的应用范围。其次，电池的实际工作温度范围一般需要考虑零下的低温环境，而溶剂水常压下的冰点为0℃。加入溶质盐后电解液的冰点虽然也会随之改变，但在极限低温的条件下，常规的水系电解液仍不能正常工作。

（2）水溶剂与锌金属负极相互作用带来的相关问题

虽然锌金属负极具有高丰度、易加工、高体积比容量、电位低的优势，但其在水系电解液中的热力学并不稳定。由锌金属和水的Pourbaix图可知，锌金属在所有的pH值区间都会自发地发生析氢反应，造成锌金属的自腐蚀问题。而且锌金属负极在酸性及中性区间都会发生溶解行为，pH值的上升会使得表面生成蓬松多孔的ZnO，但并不能完全阻止锌溶解。进一步升高pH值后锌金属表面会形成$Zn(OH)_2$，但pH值超过9后，表面层物质继续和OH^-反应生成可溶的锌酸根离子，使锌继续溶解。所以锌金属负极水溶液中主要存在溶解和腐蚀问题，这都会加剧电池反应中锌沉积/剥离过程中枝晶的生长问题。锌枝晶的生长会增加电极表面阻抗，影响电池倍率性能；若锌枝晶变为"死锌"或者从锌电极上脱落，影响电池的容量；一旦锌枝晶生长刺穿隔膜，则导致电池失效，损害电池的稳定性与循环寿命。

（3）水溶剂与正极材料相互作用带来的相关问题

在很多锌基电池体系中，水和正极材料的相容性往往是一个不容忽视的问题。首先，水是一种良好溶剂，某些正极材料在充放电过程中可能会产生具有良好水溶性的中间产物，造成正极活性物质在循环过程中的不可逆损失。例如：在以二氧化锰为正极的锌离子电池中，正极材料二氧化锰中的Mn^{4+}会被部分还原成高度不稳定的Mn^{3+}，进一步由于姜—泰勒效应Mn^{3+}不可逆地歧化分解为Mn^{4+}和Mn^{2+}[20,30-32]。这将会引起锰的溶解，影响正极材料的结构稳定性，导致锌离子电池的容量下降，损害循环稳定性。再有，对于某些开放性的锌基电池体系，伴随器件的长时间工作，水系电解液中不可避免引入环境中的物质，对工作在水溶剂中的正极材料产生影响。例如：锌空气电池中电解液溶解的CO_2会污染正极催化剂，使得催化剂无法和氧气充分接触反应，造成锌空气电池的性能衰退[33-35]。

上述发生在水系电解液中或电解液/电极界面的诸多问题严重影响了水系锌基电池的电化学表现，而这些问题的根源在于水溶剂。因此，必须针对这些问题对水系电解液进行专门的优化，以提高器件的电化学性能。不同的水系锌基电池体系采用电荷储存机理完全不同的正极材料，但水溶剂的本征问题和锌金属负极的问题则是共性的。从这个层面来讲，水系电解液优化的目标是利用电解液的调整变化来解决电池中存在的锌负极腐蚀、溶解、钝化，电压窗口窄，低温性能差等问题，以此达到提高锌沉积/剥离效率，减少锌金属腐蚀、溶解，抑制枝晶生长，维持正极结构稳定，延长电池使用寿命，拓宽电池电压窗口及低温工作的温度范围，增加电池容量和适用性的目标。对于水基电解液中正极材料相关问题，在不同能量存储机理的锌基电池中会有不同的表现，与之相对应的电解液优化策略也会各不相同。

针对上述解决问题的目标，锌基电池水系电解液的优化可以分为电解质盐优化、高浓度电解液、功能添加剂和分离式电解液四种策略。其中，电解质盐优化策略在 3.2 节进行了较为全面的介绍，包括电解质阴阳离子对电池性能的作用等相关内容。为避免重复，本节将重点介绍其余三种策略。

3.3.2 高浓度电解液

最初尝试将高浓度电解液应用于水系锂离子电池，当前也被大范围应用于锌离子电池和锌锂混合离子电池。锌阳离子在正负极之间通过电解液作为介质进行移动并参与电化学反应。电解液中并不存在单独的 Zn^{2+}，Zn^{2+} 会和电解液中的溶质或溶剂配位，形成溶剂化结构。在低浓度下，Zn^{2+} 会和六个水分子配位，形成溶剂鞘层，并以此配位形式的复合离子在电解液中移动传输。当溶剂化的锌离子达到电极附近时，则发生去溶剂化过程。此时，紧密的溶剂化结构需要额外的能量即去溶剂化能量驱动水分子和 Zn^{2+} 分离，这个过程会提高电荷转移阻抗和电化学极化，损害电池的倍率性能。此外，在去溶剂化过程中，水分子可以轻易地接触到锌金属负极，使其发生溶解、腐蚀，加剧锌枝晶生长，从而影响电池的库仑效率、容量和寿命。在高浓度溶质的情况下，Zn^{2+} 的溶剂化结构产生根本性改变。由于电解液中水分子相对 Zn^{2+} 含量减少，Zn^{2+} 附近溶液环境中水分子数量大幅减少，取而代之的是锌盐的阴离子。这种电解液环境下，既可以减少去溶剂化过程中所需的能量，也可以避免水分子与锌负极的接触，优化锌负极的相关问题。图 3-12 以 $Zn(TFSI)_2$ 和 LiTFSI 溶质为例，展示了不同浓度下溶质与溶剂之间的相互作用关系[36]。当处于 $20mol \cdot L^{-1}$ LiTFSI 的混合型高浓度电解液中时，$TFSI^-$ 代替水分子包围了锌离子，避免形成 $[Zn(H_2O)_6]^{2+}$ 溶剂化结构，降低了水的活度，有效抑制了析氢反应，实现了高度可逆、无枝晶的锌沉积/剥离行为，增强了电化学效率，优化了电池的循环稳定性。

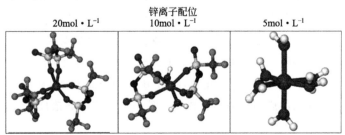

锌离子配位

$20mol \cdot L^{-1}$	$10mol \cdot L^{-1}$	$5mol \cdot L^{-1}$

图 3-12　锌离子在 $1mol \cdot L^{-1}$ $Zn(TFSI)_2$ ＋不同浓度 LiTFSI 电解液中的配位环境[36]

同时，由于水分子数量减少，电池中与水的活度相关的反应与行为都受到了抑制。高浓度电解液策略能够抑制水的分解反应，降低 HER 电位，升高 OER 电位，使得水系电池的电压窗口得以拓展。例如：Chen 等[37] 开发了 $1mol \cdot L^{-1}$ Zn (OAc)$_2$ ＋$31mol \cdot L^{-1}$ KOAc 高浓度电解液，将电解液的稳定电压窗口扩展到 3.4V，使 α-MnO$_2$-TiN/TiO$_2$ ‖ Zn 电池的实际工作电压范围扩展为最高 2.0V，高于常规中性电解液中电池的工作截止电压 1.8V 以及碱性条件下的 1.6V。图 3-13(a) 展示了 $1mV \cdot s^{-1}$ 扫速下，高浓度的醋酸基电解液能够有效加大 HER 的过电位，从而拓宽稳定电压窗口的下限；并且在图 3-13(b) 中高浓度的醋酸基电解液的 OER Tafel 斜率最大，表明该浓度下的 OER 得到了抑制，有利说明了高浓度盐策略可以有效地拓展水系电解液的电压窗口。

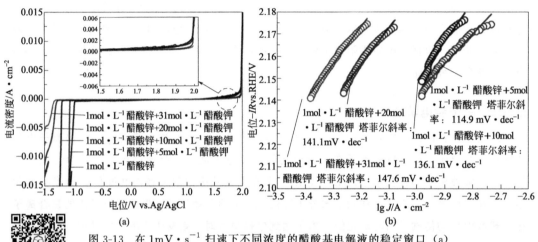

图 3-13　在 $1mV \cdot s^{-1}$ 扫速下不同浓度的醋酸基电解液的稳定窗口 (a)
和不同浓度的醋酸基电解液 OER 的 Tafel 曲线 (b)[37]

在某些特定浓度下，水系电解液中的电解质金属阳离子会通过水合作用限制氧原子参与形成氢键，减少溶液中氢键的数量可以降低水的固液转换温度，使电池能够在极端低温条件下正常工作。但这些特定的浓度往往也超过常规电解液的浓度，因此这种电解液浓度调控也可归类于高浓度电解液策略。例如：Zhang 等[38] 使用 $7.5mol \cdot L^{-1}$ ZnCl$_2$ 高浓度电解液将水的冰点从 0℃降低至－114℃，配合 PANI 正极和锌负极使该体系电池能够在－70℃至60℃范围内正常工作。并且该电池在－70℃低温环境和 $0.2A \cdot g^{-1}$ 电流密度条件下充放电循环 2000 次后仍表现出接近 100％的容量保持率（初始容量为 $84.9mA \cdot h \cdot g^{-1}$）（如图 3-14 所示）。

尽管高浓度电解液策略可以优化锌负极、电压窗口、低温环境等问题，但其仍存在以下几个缺点：a. 超高浓度的溶质带来了高黏度和低离子电导率，降低了传输的介质离子在正负极之间的运动速率，极大影响电池的倍率性能表现；b. 某些高浓度盐具有腐蚀特性，对电池中的集流体、隔膜、封装等材料产生不可避免的影响；c. 高浓度电解液的电极浸润性往往不理想，可能会造成阻抗的增加从而影响电池性能；d. 当前的高浓度电解液往往使用有机阴离子盐作为电解质，所带来的成本问题不容忽视。图 3-15 展示了高浓度电解液和常规电解液在各个方面上的表现。

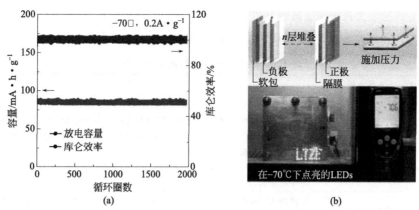

图 3-14 使用 7.5mol·L^{-1} ZnCl$_2$ 电解液的 PANI‖Zn 电池在 −70℃低温环境和

0.2A·g^{-1} 电流密度条件下的循环性能 (a) 和实际工作图 (b)[38]

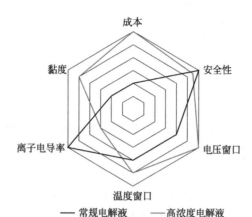

图 3-15 锌基电池水系电解液中高浓度电解液和常规电解液在各方面的表现

3.3.3 功能性添加剂

功能性添加剂策略能够以相对少量物质的引入，在不改变或者微小改变电解液特性的前提下，对电池中相关的电化学反应过程产生高效的调控优化效果，因而得到了研究者的广泛关注。近年来，多种功能性添加剂被应用于水系锌基电池，在解决锌金属负极、水系电解液电压窗口窄、正极稳定性等问题，优化电池的电化学表现上展现出巨大的潜力。根据物质类型，功能性添加剂可以分为离子类、有机物类、无机物类和金属类。表 3-3 展示了不同功能的各类添加剂。功能性添加剂在水系锌基电池中的应用非常广泛，种类繁多。针对同一个问题的解决，不同功能性添加剂产生优化效果所利用的电化学原理也往往各不相同。因此，围绕锌基水系电池中各个不同的优化目标，对功能性添加剂进行归类和介绍是一种比较科学的方法。

锌金属负极的优化和相关问题的解决一直是锌基电池开发的重点和难点。锌枝晶生长涉及锌沉积过程中 Zn^{2+} 在电解液/锌负极表面的扩散，Zn^{2+} 的还原和锌的成核、晶体生长。增强 Zn^{2+} 还原沉积反应速率及平整锌成核过电位通常是从优化锌负极集流体和电解液/锌负极界面出发，因此功能性添加剂往往从 Zn^{2+} 扩散和晶体生长入手，优化锌枝晶问题。在上述离子、有机物、无机物和金属四个类别中，都有相应的功能性添加剂可以应用在锌负极水系电解液中，并且能通过各自不同的反应机理，减少锌枝晶生成和副反应，优化电池特性。

表 3-3   各类不同功能的典型添加剂

添加剂优化对象及功能		添加剂
锌金属负极	抑制锌枝晶生长	离子类：Na^+、Ni^{2+}、Pb^{2+}、Cu^{2+}、In^{3+}、Bi^{3+}、Br^-； 有机物类：SDS、乙醚、CTAB、EMI-Cl（-PF_6、-TFSA、-DCA）、PEI、PVA、BPEI、$(NH_4)_2$CS、乙醇、萘、氯苯、Triton X-100、PEG、TBA_2SO_4、尿素、PAM、PMMA、PEI、SDBS、二氰胺、硫脲； 无机物类：SnO、Bi_2O_3； 金属类：Pb、Sn
	抑制锌溶解、腐蚀、钝化	有机物类：SDBS、CTAB、$(NH_4)_2$CS、乙醇、萘、咪唑、PEG、丁二酸（succinic acid）、酒石酸（tartaric acid）、柠檬酸（citric acid）、DMSO、DTAB； 无机物类：ZnO、V_2O_5、硼酸、磷酸
水溶剂	拓展电压窗口	离子类：Mn^{2+}、Al^{3+}； 有机物类：SDS
	减少 CO_2 吸收	无机物类：$Ca(OH)_2$、LiOH、氨络合物吸收剂
正极	抑制正极材料的溶解或副反应	离子类：Na^+、Mg^{2+}、Mn^{2+}、Co^{2+}； 有机物类：SDBS； 无机物类：IrO_2、$CoCl_2$

功能性添加剂可以通过调控 Zn^{2+} 的二维扩散行为，使 Zn^{2+} 不因尖端效应聚集在锌不均匀表面的突起处，从而能够均匀分布在表面，抑制枝晶突出生长行为。例如：在 $ZnSO_4$ 电解液中加入离子类的 Na_2SO_4 添加剂，较锌表面的平面处，Na^+ 更容易吸附在锌表面的突起处形成保护层，利用静电屏蔽机理通过带正电的保护层排斥 Zn^{2+}，使 Zn^{2+} 扩散到非突起处进行沉积，实现对锌枝晶生长的抑制[39]。具有类似机理的典型功能性添加剂还有有机物类的 Et_2O、咪唑类有机离子添加剂、无机物类的 Al_2O_3 添加剂、金属类的 $Pb^{[40-43]}$。这些添加剂均能够通过限制 Zn^{2+} 聚集，产生促进锌均匀沉积、减少锌枝晶生长的效果。值得注意的是，咪唑类有机离子添加剂和金属类的 Pb 添加剂还会产生提高锌沉积过电位的副作用。在锌沉积过电位不影响锌沉积过程的前提下，适当提高锌沉积过电位，能够通过加快锌沉积速率，有利于枝晶的抑制工作[44,45]。

除了调控 Zn^{2+} 扩散行为的机理以外，功能性添加剂也能够通过影响锌晶体的生长方向实现对锌枝晶的抑制。锌晶体若沿 （002）、（103）、（105）晶面生长，其与平面的角度为 $0°\sim30°$，不易形成突起状的枝晶；若沿 （101）、（100）、（110）晶面生长，其与平面的角度为 $70°\sim90°$，则容易生长为突起的枝晶，影响电池性能。而功能性添加剂可以减少某些低角度生长晶面的生长能垒，促进晶体倾向于平面生长，减少枝晶。图 3-16 展示了在不同有机物类添加剂情况下，锌金属负极的 XRD 图[46]。可以发现，聚合物添加剂 PEG 能够有效减少锌（101）晶面在 XRD 中的占比，而倾向于平面生长的（002）、（103）晶面占比显著提升，有利于锌无枝晶的沉积行为。基于该机理的其他典型的功能性添加剂有无机类的硼酸和氧化锡，以及金属类的 Pb 等[41,47,48]。

除锌枝晶的问题以外，锌负极还存在锌金属在水系电解液中的副反应问题。相关副反应包括锌的溶解、析氢腐蚀和钝化等。首先，锌的溶解会影响电池的库仑效率、容量和循环寿

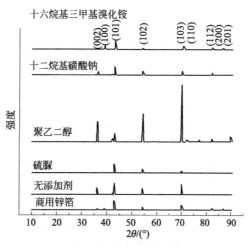

图 3-16　在不同有机物类添加剂情况下，锌金属负极 XRD 分析[46]

命。通常可以利用功能性添加剂在锌金属表面形成表面保护层或者改变生长晶面等效果，抑制锌溶解。例如，0.05％的咪唑和 0.05％的 PEG 有机类复合添加剂可以很好地在锌负极表面形成一层膜，具有很好的抗溶解性能[49]。此外，特定的晶面取向也可以影响金属的溶解速率。锌（002）或者（103）晶面取向的溶解度会远低于（101）等锌金属的常规晶面取向[48]。因此借助与晶体取向相关的功能性添加剂，可以缓解锌的溶解现象。其次，析氢腐蚀是导致电池容量下降和失效的重要原因之一。通过在水系电解液中引入特定的功能性添加剂，可以达到抑制 HER、增加氢析出电位、减少活性位点的效果，从而有效地减少析氢腐蚀[49-51]。常见的抑制 HER 的添加剂包括有机物类中的有机酸酒石酸、小分子 BA 和 TU、聚合物 PEG、表面活性剂 CTAB 等[52,53]。此外，锌金属表面的钝化现象会影响锌的剥离，限制电池的容量。利用特定的添加剂修饰锌金属表面，则可以缓解钝化层的生成[50]。例如，有机物类表面活性剂 SDBS 可以防止形成致密的钝化层，使其疏松多孔不会阻止锌的剥离行为[54]；无机物中的 SiO_3^{2-} 会吸附在钝化位点上，阻止锌氧化物进一步析出。

　　除锌金属负极以外，水溶剂的一些本征特性也会给水系锌基电池带来一些问题。其中，水溶剂带来的一个最重要问题是，由于水本身的热力学稳定性，理论上水系锌基电池的稳定电压窗口被限制在 1.23V。在锌基电池体系中，增大输出电压可以有效地增加电池的能量密度，因此拓宽水电解液稳定电压窗口是锌基电池开发的一个重中之重的问题。对应于水系电解液，可通过降低 HER 电位和增加 OER 电位实现拓宽稳定电压窗口的目的。除前文介绍的高浓度电解液策略以外，引入特定的功能性添加剂同样可以拓宽水的稳定电压窗口[55,56]。例如图 3-17，在 $Zn(CF_3SO_3)_2$ 电解液中，离子类添加剂 Al^{3+} 可以发挥稳定水溶剂的作用，同时抑制 HER 和 OER，将稳定电压窗口从 1.5V 拓宽至 1.9V[57]。另一种离子类的 Mn^{2+} 基功能性添加剂，有研究表明其沉积会和 OER 形成竞争反应，因此能够有效提高 OER 电位，实现电压窗口的拓宽[58]。此外，有机物类表面活性剂 SDS 功能性添加剂可吸附在电极/电解液界面，并原位形成一层疏水膜。该疏水膜分隔了水和电极，增加了水分解的反应能垒，进而抑制了 OER 过程，拓宽电解液的电化学稳定电压窗口[12]。

　　如上文所述，正极材料在水系电解液中的问题并非锌基电池的共性问题，而需要根据具体的电池体系和电极反应机理采取相应的优化策略。在所有的水系锌基电池中，正极材料在

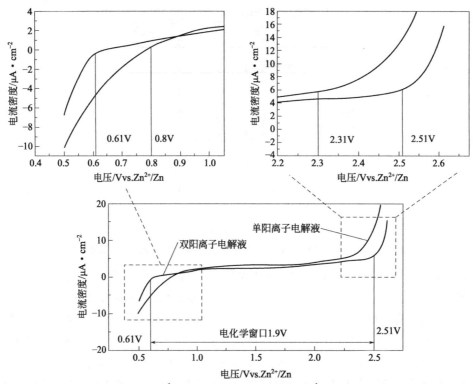

图 3-17　$2mol \cdot L^{-1}$ $Zn(CF_3SO_3)_2$ 和 $1mol \cdot L^{-1}$ Al $(CF_3SO_3)_3$/

$1mol \cdot L^{-1}$ $Zn(CF_3SO_3)_2$ 电解液的电压窗口[57]

充放电过程中的稳定性是决定电池整体使用寿命的关键因素之一。在针对此目标的电解液优化策略中，功能性添加剂能够通过调控电极/电解液界面反应平衡或者形成保护层，有效提高正极材料的稳定性[59-62]。在最为常见的可充放锌-二氧化锰电池体系中，二氧化锰正极材料的溶解问题不容忽视。在充放电过程中，Mn^{4+} 会被部分还原成高度不稳定的 Mn^{3+}，而 Mn^{3+} 会不可逆地歧化分解为 Mn^{4+} 和 Mn^{2+}，导致正极材料溶解，结构坍塌，损坏电池的容量与循环寿命。但通过在电解液中加入 Mn^{2+} 离子类功能性添加剂，可以调节界面的溶解/氧化反应平衡，抑制二氧化锰正极中锰的溶解行为。如图 3-18 所示，通过在 $1mol \cdot L^{-1}$

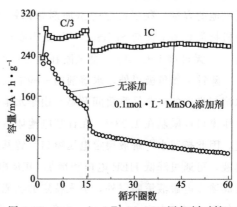

图 3-18　$0.1mol \cdot L^{-1}$ $MnSO_4$ 添加剂对锌-二氧化锰电池循环性能的影响[63]

$ZnSO_4$ 电解液中加入 $0.1mol \cdot L^{-1}$ Mn^{2+}，可以有效提高电池的循环容量保持率[63]。此外，Mn^{2+} 离子在以 $ZnMn_2O_4$ 为正极的电池中，还可以在正极表面沉积形成 MnO_x 层，以此抑制正极 $ZnMn_2O_4$ 的溶解行为，提高了正极材料的稳定性。除常规的 Mn^{2+} 添加剂以外，具有类似机理的功能性添加剂还有应用在钒基正极锌基电池体系的 Na^+ 和 Mg^{2+} 添加剂（分别对应 NaV_3O_8 正极和 $Mg_xV_2O_5$ 正极)[39,64]。

功能性添加剂是一种广泛使用的优化电池电解液技术，并且与高浓度盐策略相比，其能够以相对少量的物质，高效地优化电池的电化学性能，是商业化可行性较高的策略。值得注意的是，为了解决电池内的各种问题，通常会同时使用多种功能性添加剂，需要综合考虑多种功能性添加剂的协同性和可能存在的副作用。高效的功能性添加剂还有待未来进一步地研究发展。

3.3.4 分离式电解液

在本书 3.1.2.2 部分，详述了分离式电解液策略的原理。其核心目标是大幅提升水系电解液的电化学稳定电压窗口，为高电压电极材料在水系锌基电池中的应用提供条件。水系电解液受限于水的热力学稳定电位，其电化学电压窗口为 1.23V，妨碍了锌基电池追求高容量特性的需求。值得注意的是，理论上水在任意 pH 值下的电化学稳定窗口并不发生改变，但水的 HER 和 OER 电位会随电解液的 pH 值变化：pH 为 0 时，OER 的平衡电位为 1.23V；pH 为 14 时，HER 的平衡电位为 -0.83V。如果能使正极材料处于酸性电解液环境，负极材料处于碱性电解液环境，结合 OER、HER 动力学上存在的过电位，能够将水系电解液的电化学稳定窗口拓宽至 3V 左右。但显然酸性电解液和碱性电解液会发生中和反应，无法共存，所以需要使用离子交换膜分离正负极电解液环境，使正负极能够分别在酸性、碱性条件下工作，称之为电解液解耦策略，所得电解液称之为分离式电解液。近年来，许多相关的离子交换膜被报道应用在传统的电池体系，取得了较为突出的进展。例如，将传统的铅酸电池改造成 Zn-PbO$_2$ 电池，使用阴阳离子交换膜保证正负极能分别在 H$_2$SO$_4$、KOH 电解液中稳定工作。图 3-19 展示了该电池体系的工作机理[65]。在碱性电解液环境中工作的锌金属负极具更高的析氢过电位，在酸性电解液环境中工作的 PbO$_2$ 表现出更高的析氧过电位。因此，Zn-PbO$_2$ 电池的电化学稳定电压窗口能够拓宽至 3.09V，工作电压平台约为 2.9V，理论能量密度能够提高至 252.39W·h·kg^{-1}。

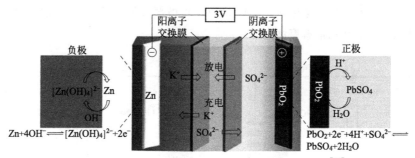

图 3-19　Zn-PbO$_2$ 酸碱分离电池的充放电工作机理[65]

分离式电解液策略还可以应用于传统的碱性锌-锰电池中。通过分离电极的电解液环境，可以实现 MnO$_2$ 正极和 Zn 负极分别在酸性和碱性环境中进行电化学反应，可大幅提高 Zn-MnO$_2$ 电池的电压，展现优秀的电化学性能。图 3-20 展示了该电池体系的工作机理[66]。将锌负极放置在由 6mol·L^{-1} KOH、0.2mol·L^{-1} ZnO 和 5mmol·L^{-1} 香草醛溶液组成的电解液碱性区域，而负载 MnO$_2$ 的碳毡正极则放置在由 3mol·L^{-1} H$_2$SO$_4$ 和 0.1mol·L^{-1} MnSO$_4$ 组成的电解液酸性区域。为了隔离碱性和酸性电解质，并提供离子传输通道，阳离子和阴离子交换膜被放置在两种电解质之间，并且使用 $0.1mol \cdot L^{-1}$ K_2SO_4 电解质占据中心区域。相较于工作电压为 1.3V 的传统 $Zn-MnO_2$ 电池，如此组装的 $Zn-MnO_2$ 酸碱分离电池在 $100mA \cdot g^{-1}$ 时具有约 2.71V 的高放电平台，并且能够充分实现 Mn^{4+}/Mn^{2+} 双电子转移机理，其比容量高达 $616mA \cdot h \cdot g^{-1}$，基于 MnO_2 的能量密度为 $1621.7W \cdot h \cdot kg^{-1}$，具有优异的电池性能。

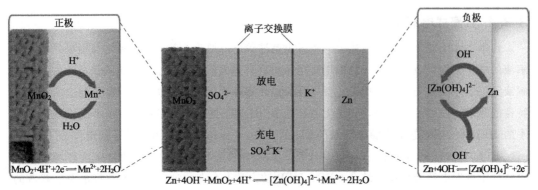

图 3-20　$Zn-MnO_2$ 酸碱分离电池的充放电工作机理[66]

除了提高电池的电化学稳定窗口，分离式电解液还能够给正负极材料提供合适的工作环境。例如，分离式电解液策略是将锌空气电池的空气正极和锌金属负极分别置于酸性和碱性电解液中，能够解决常规锌空气电池所存在的一些问题。图 3-21 展示了使用分离式电解液的锌空气电池工作示意图[67]。锌负极和 IrO_2/Ti 空气正极由 NASICON 型的锂离子固态电解质（LATP）隔开，分别置于 $0.5mol \cdot L^{-1}$ $LiOH + 1mol \cdot L^{-1}$ $LiNO_3$ 碱性电解液和 $0.1mol \cdot L^{-1}$ $H_3PO_4 + 1mol \cdot L^{-1}$ LiH_2PO_4 酸性电解液。LATP 起阳离子交换膜的作用，使 Li^+ 可以自由地在正极侧和负极侧移动，限制质子在正极侧维持酸性环境。酸性电解液可以确保解耦的 IrO_2/Ti 空气电极不受 CO_2 的污染，并且有利于 OER，能够提高电池电压至 1.92V（大于常规锌空气电池电压 1.65V）；而锌负极部分处于常规的碱性电解液中，避免了酸性电解液对锌金属的溶解腐蚀。

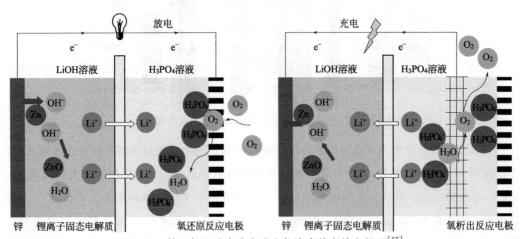

图 3-21　锌空气电池在分离式电解液中的充放电机理[67]

水系锌基电池关键材料与器件

参考文献

［1］ Zeng K，Zhang D. Recent progress in alkaline water electrolysis for hydrogen production and applications. Progress in Energy and Combustion Science，2010，36(3)：307-326.

［2］ Sur S，Kottaichamy A R，Bhat Z M，et al. A pH dependent high voltage aqueous supercapacitor with dual electrolytes. Chemical Physics Letters，2018，712：160-164.

［3］ Chen L，Guo Z，Xia Y，et al. High-voltage aqueous battery approaching 3 V using an acidic-alkaline double electrolyte. Chemical Communications，2013，49（22）：2204-2206.

［4］ Gao T，Sun Y，Gong L，et al. 2.8V aqueous lead dioxide-zinc rechargeable battery using H_2SO_4-K_2SO_4-KOH three electrolytes. Journal of the Electrochemical Society，2020，167(2)：020552.

［5］ Suo L，Borodin O，Gao T，et al. "Water-in-salt" electrolyte enables high-voltage aqueous lithium-ion chemistries. Science，2015，350(6263)：938-943.

［6］ Zhang C，Holoubek J，Wu X，et al. A $ZnCl_2$ water-in-salt electrolyte for a reversible Zn metal anode. Chemical Communications，2018，54(100)：14097-14099.

［7］ Suo L，Borodin O，Sun W，et al. Advanced high-voltage aqueous lithium-ion battery enabled by "water-in-bisalt" electrolyte. Angewandte Chemie，2016，55(25)：7136-7141.

［8］ Xie J，Liang Z，Lu Y. Molecular crowding electrolytes for high-voltage aqueous batteries. Nature Materials，2020，19(9)：1006-1011.

［9］ Bi H，Wang X，Liu H，et al. A universal approach to aqueous energy storage via ultralow-cost electrolyte with super-concentrated sugar as hydrogen-bond-regulated solute. Advanced Materials，2020，32(16)：e2000074.

［10］ Wan F，Zhang Y，Zhang L，et al. Reversible oxygen redox chemistry in aqueous zinc-ion batteries. Angewandte Chemie，2019，58：7062-7067.

［11］ Liang T，Hou R，Dou Q，et al. The applications of water-in-salt electrolytes in electrochemical energy storage devices. Advanced Functional Materials，2020，31(3)：2006749.

［12］ Hou Z，Zhang X，Li X，et al. Surfactant widens the electrochemical window of an aqueous electrolyte for better rechargeable aqueous sodium/zinc battery. Journal of Materials Chemistry A，2017，5(2)：730-738.

［13］ Wang X，Hou Y，Zhu Y，et al. An aqueous rechargeable lithium battery using coated Li metal as anode. Scientific Reports，2013，3：1401.

［14］ Gilliam R J，Graydon J W，Kirk D W，et al. A review of specific conductivities of potassium hydroxide solutions for various concentrations and temperatures. International Journal of Hydrogen Energy，2007，32(3)：359-364.

［15］ Lee J S，Kim S T，Cao R，et al. Metal-air batteries with high energy density：Li-air versus Zn-air. Advanced Energy Materials，2011，1(1)：34-50.

[16] Sapkota P，Kim H. An experimental study on the performance of a zinc air fuel cell with inexpensive metal oxide catalysts and porous organic polymer separators. Journal of Industrial and Engineering Chemistry，2010，16(1)：39-44.

[17] Mohamad A A. Zn/gelled 6 M KOH/O_2 zinc-air battery. Journal of Power Sources，2006，159(1)：752-757.

[18] Leung P K，Ponce-de-Leon C，Low C T J，et al. Zinc deposition and dissolution in methanesulfonic acid onto a carbon composite electrode as the negative electrode reactions in a hybrid redox flow battery. Electrochimica Acta，2011，56(18)：6536-6546.

[19] Leung P K，Ponce-de-Leon C，Recio F J，et al. Corrosion of the zinc negative electrode of zinc-cerium hybrid redox flow batteries in methanesulfonic acid. Journal of Applied Electrochemistry，2014，44(9)：1025-1035.

[20] Li G，Huang Z，Chen J，et al. Rechargeable Zn-ion batteries with high power and energy densities：a two-electron reaction pathway in birnessite MnO_2 cathode materials. Journal of Materials Chemistry A，2020，8(4)：1975-1985.

[21] Kim D，Lee C，Jeong S. A concentrated electrolyte for zinc hexacyanoferrate electrodes in aqueous rechargeable zinc-ion batteries. 2017 2nd International Conference on Innovative Engineering Materials，2018，284：012001.

[22] Lu Y，Zhu T，van den Bergh W，et al. A high performing Zn-ion battery cathode enabled by in situ transformation of V_2O_5 atomic layers. Angewandte Chemie，2020，59(39)：17004-17011.

[23] Xu C，Li B，Du H，et al. Energetic zinc ion chemistry：the rechargeable zinc ion battery. Angewandte Chemie，2012，51(4)：933-935.

[24] Kasiri G，Trocoli R，Hashemi A B，et al. An electrochemical investigation of the aging of copper hexacyanoferrate during the operation in zinc-ion batteries. Electrochimica Acta，2016，222：74-83.

[25] Yan J，Wang J，Liu H，et al. Rechargeable hybrid aqueous batteries. Journal of Power Sources，2012，216：222-226.

[26] Zhang N，Cheng F，Liu Y，et al. Cation-deficient spinel $ZnMn_2O_4$ cathode in $Zn(CF_3SO_3)_2$ electrolyte for rechargeable aqueous Zn-ion battery. Journal of the American Chemical Society，2016，138(39)：12894-12901.

[27] Goh F W T，Liu Z，Hor T S A，et al. A near-neutral chloride electrolyte for electrically rechargeable zinc-air batteries. Journal of the Electrochemical Society，2014，161(14)：A2080-A2086.

[28] Sumboja A，Ge X，Zheng G，et al. Durable rechargeable zinc-air batteries with neutral electrolyte and manganese oxide catalyst. Journal of Power Sources，2016，332：330-336.

[29] Blurton K F，Sammells A F. Secondary zinc/oxygen electrochemical cells using inorganic

oxyacid electrolytes. 1980.

[30] Alfaruqi M H, Islam S, Gim J, et al. A high surface area tunnel-type α-MnO_2 nanorod cathode by a simple solvent-free synthesis for rechargeable aqueous zinc-ion batteries. Chemical Physics Letters, 2016, 650: 64-68.

[31] Kim S J, Wu D, Sadique N, et al. Unraveling the dissolution-mediated reaction mechanism of α-MnO_2 cathodes for aqueous Zn-ion batteries. Small, 2020, 16(48): 2005406.

[32] Yang J, Cao J, Peng Y, et al. Unravelling the mechanism of rechargeable aqueous Zn-MnO_2 batteries: implementation of charging process by electrodeposition of MnO_2. ChemSusChem, 2020, 13(16): 4103-4110.

[33] Drillet J F, Holzer F, Kallis T, et al. Influence of CO_2 on the stability of bifunctional oxygen electrodes for rechargeable zinc/air batteries and study of different CO_2 filter materials. Physical Chemistry Chemical Physics, 2001, 3(3): 368-371.

[34] Schroeder D, Borker N N S, Koenig M, et al. Performance of zinc air batteries with added in the alkaline electrolyte. Journal of Applied Electrochemistry, 2015, 45(5): 427-437.

[35] Schroeder D, Krewer U. Model based quantification of air-composition impact on secondary zinc air batteries. Electrochimica Acta, 2014, 117: 541-553.

[36] Wang F, Borodin O, Gao T, et al. Highly reversible zinc metal anode for aqueous batteries. Nature Materials, 2018, 17(6): 543-549.

[37] Chen S, Lan R, Humphreys J, et al. Salt-concentrated acetate electrolytes for a high voltage aqueous Zn/MnO_2 battery. Energy Storage Materials, 2020, 28: 205-215.

[38] Zhang L, Rodríguez-Pérez I A, Jiang H, et al. $ZnCl_2$ "water-in-salt" electrolyte transforms the performance of vanadium oxide as a Zn battery cathode. Advanced Functional Materials, 2019, 29(30): 1902653.

[39] Wan F, Zhang L, Dai X, et al. Aqueous rechargeable zinc/sodium vanadate batteries with enhanced performance from simultaneous insertion of dual carriers. Nature Communications, 2018, 9(1): 1-11.

[40] Otani T, Fukunaka Y, Homma T. Effect of lead and tin additives on surface morphology evolution of electrodeposited zinc. Electrochimica Acta, 2017, 242: 364-372.

[41] Song Y, Hu J, Tang J, et al. Real-time X-ray imaging reveals interfacial growth, suppression, and dissolution of zinc dendrites dependent on anions of ionic liquid additives for rechargeable battery applications. ACS Applied Materials & Interfaces, 2016, 8(46): 32031-32040.

[42] Wang S B, Ran Q, Yao R Q, et al. Lamella-nanostructured eutectic zinc-aluminum alloys as reversible and dendrite-free anodes for aqueous rechargeable batteries. Nature Communications, 2020, 11(1): 1-9.

[43] Xu W, Zhao K, Huo W, et al. Diethyl ether as self-healing electrolyte additive enabled long-life rechargeable aqueous zinc ion batteries. Nano Energy, 2019, 62: 275-281.

[44] Krumm R, Guel B, Schmitz C, et al. Nucleation and growth in electrodeposition of metals on *n*-Si(111). Electrochimica Acta, 2000, 45(20): 3255-3262.

[45] Zhu J L, Zhou Y H, Gao C Q. Influence of surfactants on electrochemical behavior of zinc electrodes in alkaline solution. Journal of Power Sources, 1998, 72(2): 231-235.

[46] Sun K E K, Hoang T K A, The Nam Long D, et al. Suppression of dendrite formation and corrosion on zinc anode of secondary aqueous batteries. ACS Applied Materials & Interfaces, 2017, 9(11): 9681-9687.

[47] Mackinnon D J, Brannen J M, Fenn P L. Characterization of impurity effects in zinc electrowinning from industrial acid sulfate electrolyte. Journal of Applied Electrochemistry, 1987, 17(6): 1129-1143.

[48] Sun K E K, Hoang T K A, The Nam Long D, et al. Highly sustainable zinc anodes for a rechargeable hybrid aqueous battery. Chemistry-A European Journal, 2018, 24(7): 1667-1673.

[49] Zhou H, Huang Q, Liang M, et al. Investigation on synergism of composite additives for zinc corrosion inhibition in alkaline solution. Materials Chemistry and Physics, 2011, 128(1/2): 214-219.

[50] Shivkumar R, Kalaignan G P, Vasudevan T. Effect of additives on zinc electrodes in alkaline battery systems. Journal of Power Sources, 1995, 55(1): 53-62.

[51] Hosseini S, Han S J, Arponwichanop A, et al. Ethanol as an electrolyte additive for alkaline zinc-air flow batteries. Scientific Reports, 2018, 8(1): 1-11.

[52] Lee C W, Sathiyanarayanan K, Eom S W, et al. Novel electrochemical behavior of zinc anodes in zinc/air batteries in the presence of additives. Journal of Power Sources, 2006, 159(2): 1474-1477.

[53] Li M, Luo S, Qian Y, et al. Effect of additives on electrodeposition of nanocrystalline zinc from acidic sulfate solutions. Journal of the Electrochemical Society, 2007, 154(11): D567-D571.

[54] Yang H X, Cao Y L, Ai X P, et al. Improved discharge capacity and suppressed surface passivation of zinc anode in dilute alkaline solution using surfactant additives. Journal of Power Sources, 2004, 128(1): 97-101.

[55] Qiu H, Du X, Zhao J, et al. Zinc anode-compatible in-situ solid electrolyte interphase via cation solvation modulation. Nature Communications, 2019, 10: 5374.

[56] Yang H, Chang Z, Qiao Y, et al. Constructing a super-saturated electrolyte front surface for stable rechargeable aqueous zinc batteries. Angewandte Chemie, 2020, 59(24): 9377-9381.

[57] Li N, Li G, Li C, et al. Bi-cation electrolyte for a 1.7V aqueous Zn ion battery. ACS Applied Materials & Interfaces, 2020, 12(12): 13790-13796.

[58] Chao D, Zhou W, Ye C, et al. An electrolytic Zn-MnO$_2$ battery for high-voltage and scalable energy storage. Angewandte Chemie, 2019, 58(23): 7823-7828.

[59] Guo S，Liang S，Zhang B，et al. Cathode interfacial layer formation via in situ electrochemically charging in aqueous zinc-ion battery. ACS Nano，2019，13(11)：13456-13464.

[60] Liao M，Wang J，Ye L，et al. A deep-cycle aqueous zinc-ion battery containing an oxygen-deficient vanadium oxide cathode. Angewandte Chemie，2020，59(6)：2273-2278.

[61] Xia C，Guo J，Li P，et al. Highly stable aqueous zinc-ion storage using a layered calcium vanadium oxide bronze cathode. Angewandte Chemie，2018，57(15)：3943-3948.

[62] Yang Y，Tang Y，Fang G，et al. Li^+ intercalated V_2O_5 center dot nH_2O with enlarged layer spacing and fast ion diffusion as an aqueous zinc-ion battery cathode. Energy & Environmental Science，2018，11(11)：3157-3162.

[63] Pan H，Shao Y，Yan P，et al. Reversible aqueous zinc/manganese oxide energy storage from conversion reactions. Nature Energy，2016，1(5)：1-7.

[64] Zhang Y，Li H，Huang S，et al. Rechargeable aqueous zinc-ion batteries in $MgSO_4$/$ZnSO_4$ hybrid electrolytes. Nano-Micro Letters，2020，12(5)：1-16.

[65] Xu Y，Cai P，Chen K，et al. High-voltage rechargeable alkali-acid $Zn-PbO_2$ hybrid battery. Angewandte Chemie，2020，59(52)：23593-23597.

[66] Liu C，Chi X，Han Q，et al. A high energy density aqueous battery achieved by dual dissolution/deposition reactions separated in acid-alkaline electrolyte. Advanced Energy Materials，2020，10(12)：1903589.

[67] Li L，Manthiram A. Long-life，high-voltage acidic Zn-Air batteries. Advanced Energy Materials，2016，6(5)：1502054.

第 4 章

锌基电池正极材料

水系锌基电池是所有应用锌金属负极和水系电解液的电池体系的统称，其包含了多种不同的电池体系，而具体的电池体系类别取决于正极侧的电化学储能机理和电极材料种类。与锂离子电池基于锂离子在正负极之间嵌入脱嵌的单一"摇椅"机制不同，水系锌基电池可以因正极材料电化学机制的多样性衍生出较多的种类变化。在水系锌基电池中，正极材料的工作原理可以不局限于某一类反应，其电荷存储可以不局限于单一的特定机制。因此，对于正极材料而言，不存在某种统一的优化改进策略，而是必须依据具体情况展开具体分析。从理论上讲，任何一种可以发生在水溶液中的、反应电位高于锌金属但不超过水溶液稳定电位窗口上限的氧化还原对，都可以和锌金属负极耦合，从而构建水系锌基电池体系。然而考虑反应动力学、电荷存储量等因素，所衍生出的具有真正实用化前景的水系锌基电池体系种类有限。即便如此，从正极侧的储能机理对水系锌基电池进行种类划分，基于电荷存储机理的共性讨论分析，是理解水系锌基电池的储能本质和电化学特性的科学方法。本章从正极侧基于电化学转化反应、催化反应、可逆插层反应、电容性吸附反应、混合电荷存储机理的角度出发将水系锌基电池进行分门别类，系统阐述归属于同一类电化学机制但归属不同正极材料体系的锌基电池体系的共性和特性问题。

4.1 基于电化学转化反应机理的锌基电池体系

4.1.1 电化学反应基础

在锌基碱性电池体系中，锌锰、锌镍、锌银电池是廉价、绿色环保的电池体系，这三种电池正极反应的电化学反应机理具有相似之处，均是基于转化反应进行的[1,2]。电池结构均以金属锌为负极，过渡金属氧化物或氢氧化物为正极，氢氧化钾水溶液为电解液。在放电过程中锌负极被氧化为氧化锌或氢氧化锌，正极生成低价态的过渡金属氧化物或氢氧化物。电池表达式可以写为：

$$(-)Zn \mid KOH \mid MO_xH_y(+)$$

放电时负极反应：

$$Zn + 2OH^- \longrightarrow Zn(OH)_2 + 2e^- \tag{4-1}$$

放电时正极反应：

$$MO_xH_y + nH_2O + ne^- \longrightarrow MO_xH_{y+n} + nOH^- \tag{4-2}$$

其中，M 为过渡金属（Mn、Ni、Ag 等）。

在锌基碱性电池中，正极放电过程一般分为两步。第一步是一个固态均相反应过程，正极活性物质由一种固态结构转化成另一种固态结构。实际上固态物质的基本结构骨架没有发生改变，只是电子和质子进入晶格中，使得原有的正极活性物质逐渐转化成一种低价态氧化物。如果过渡金属还可以形成更低价态的物质，锌基碱性电池可以进一步放电发生第二步反应，该过程是一个多相反应过程，此时正极平衡电势不随放电量的增加而变化。在锌锰电池中要避免电池过放电，MnO_2 还原的第一阶段生成 $MnOOH$，它与 γ-MnO_2 具有相同的晶格排列，很容易用电化学的方法被重新氧化成原来的 MnO_2。当放电到第二阶段会有非 γ-MnO_2 结构生成，如 Mn_3O_4 等，使得 γ-MnO_2 晶格发生膨胀，晶格的稳定性随放电深度的增加而减弱。局部放电的 γ-MnO_2 晶格倾向于转变为另一种更加稳定的晶格结构，导致 MnO_2 可逆性变差。为了提高锌锰电池的循环性能，应防止第二步反应的发生。锌银电池第二阶段反应会有金属银的生成，电极的导电性大大增强，欧姆极化减小。由于放电产物密度差异，活性物质体积收缩，电极孔隙增大，改善了多孔电极的性能，使得放电电压平稳，活性物质利用率提高。锌银电池主要应用于对电压精度要求较高的军工领域，使用时采用第二步反应放电电压平稳的阶段。

不同的电池应用场合对电池性能的需求不同，还需根据需求选取不同种类的电池，设计和控制电极反应进行的程度。下面分别从电池的工作原理和正极材料的前沿进展对锌锰电池、锌镍电池和锌银电池进行详细说明。

4.1.2 锌锰电池及正极材料

锌锰电池是一次电池的代表，它是以金属锌为负极，二氧化锰为正极，采用适宜隔膜和电解液组成的原电池。锌锰电池发展至今，经历了漫长的演变过程。1860 年，法国的勒克朗谢将二氧化锰和碳粉作为正极材料压入多孔陶瓷圆筒中，并插入一根碳棒作为正极，氯化铵作为电解液，锌棒插入电解液中作为负极，制成了第一个锌锰湿电池。它是目前使用的锌锰电池的前身。随着科学技术的进步，锌锰电池制造技术和性能得到了不断的改进和完善。锌锰电池经历了锌锰湿电池、锌锰干电池和碱性锌锰电池三个阶段，之后又向着无汞电池和可充碱性电池方向发展，至今仍是一次电池中使用最广、产量最大的电池，主要应用于小电流间歇式放电设备，例如收音机、照相机、手电筒、测量仪表和电动玩具等。

4.1.2.1 锌锰电池工作原理

根据锌锰电池组成、外形和性能的不同，可以分为不同的种类。根据电解质性质不同可分为中性、微酸性和碱性电池；根据隔膜种类不同可以分为糊式电池和纸板电池；根据形状不同可分为筒式、叠层式或扣式电池等，其中筒式锌锰电池是锌锰电池中应用最广泛的。下面对不同种类锌锰电池的工作原理进行介绍。

（1）糊式锌锰电池

糊式锌锰电池采用天然的 MnO_2 作为正极活性物质，锌筒作为负极，加有氯化锌的氯化铵溶液作为电解液，淀粉糨糊为隔膜。电池表达式为：

$$（-）Zn \mid NH_4Cl, ZnCl_2 \mid MnO_2, C（+）$$

电池放电时，负极 Zn 被氧化为 +2 价锌离子，正极二氧化锰中的 Mn 由 +4 价被还原为 +3 价。电极反应方程式如下。

负极放电反应：

$$Zn + 2NH_4Cl \longrightarrow Zn(NH_3)_2Cl_2 + 2H^+ + 2e^- \tag{4-3}$$

正极放电反应：

$$2MnO_2 + 2H^+ + 2e^- \longrightarrow 2MnOOH \tag{4-4}$$

电池总反应：

$$Zn + 2NH_4Cl + 2MnO_2 \longrightarrow Zn(NH_3)_2Cl_2 + 2MnOOH \tag{4-5}$$

从电子-质子理论出发，MnO_2 还原为 MnOOH 存在初级反应和次级反应两个过程。

在初级反应过程中，电极反应在 MnO_2 颗粒表面进行，首先是四价锰被还原为低价态的锰氧化物，这种有电子参加的电化学反应称为初级反应。MnO_2 晶格由 Mn^{4+} 与 O^{2-} 交错排列而成。反应过程中，液相内的质子通过两相界面进入 MnO_2 晶格中与 O^{2-} 结合为 OH^-，电子由外电路进入 Mn^{4+} 外围将其还原为 Mn^{3+}。原晶格点阵中部分 O^{2-} 被 OH^- 代替，部分 Mn^{4+} 被 Mn^{3+} 代替，形成 MnOOH，还原产物水锰石直接在 MnO_2 晶格中形成，反应式为：

$$MnO_2 + H^+ + e^- \longrightarrow MnOOH \tag{4-6}$$

在中性和碱性电解液中，或有氯化铵存在时，反应可以写成：

$$MnO_2 + H_2O + e^- \longrightarrow MnOOH + OH^- \tag{4-7}$$

$$MnO_2 + NH_4Cl + e^- \longrightarrow MnOOH + NH_3 + Cl^- \tag{4-8}$$

次级反应是存在于 MnO_2 颗粒表面的水锰石与电解液进一步发生化学反应或通过其他方式离开电极表面的过程。在次级反应中，水锰石有两种转移方式：歧化反应和固相质子扩散过程。

歧化反应，当电解液 pH 值较低时，水锰石可以通过歧化反应进行转移：

$$2MnOOH + 2H^+ \longrightarrow MnO_2 + Mn^{2+} + 2H_2O \tag{4-9}$$

上述反应是两个水锰石分子发生的歧化反应，一个分子被氧化为 MnO_2，一个分子被还原为 Mn^{2+}。该反应可以消除 MnO_2 表面积累的水锰石。

固相质子扩散过程，如图 4-1 所示[3]。外电路来的电子到达 MnO_2 晶格后会变为束缚电子，在电场作用下，束缚电子可以在 Mn 离子间跳跃，跳到临近 OH^- 的 Mn^{4+} 处，使 Mn^{4+} 还原为 Mn^{3+}。与束缚电子的跳跃类似，质子也能从一个 O^{2-} 的位置跳到邻近另一个 O^{2-} 的位置，这种跳跃是从 OH^- 浓度较大的区域跳向 OH^- 浓度较小的区域。质子在 MnO_2 晶格中的跳跃传递称为固相质子扩散。扩散的推动力是质子的浓度差。电化学还原反应将 Mn^{4+} 还原为 Mn^{3+} 首先发生在电极表面，生成 MnOOH，电极表面质子浓度很高，O^{2-} 浓度不断降低。晶格深处仍存在大量的 O^{2-}，相当于质子浓度很低，使得电极表面层和电极内部产生 H^+ 浓度梯度，从而引起表面层中的质子不断向内扩散，并与内层 O^{2-} 结合生成 OH^-。H^+ 和电子不断向 MnO_2 电极内部转移，从而 MnO_2 表面的水锰石不断向固相深处转移，使 MnO_2 表面不断更新。

（2）纸板式锌锰电池

纸板式锌锰电池采用电解二氧化锰作为正极活性物质，浆层纸作为隔膜，电解液为氯化

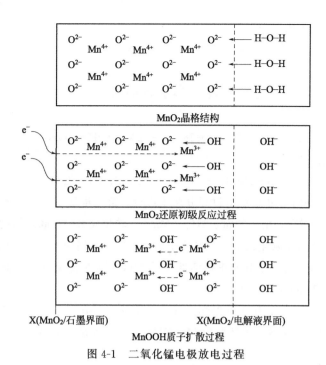

图 4-1　二氧化锰电极放电过程

锌中加少量氯化铵的水溶液。与糊式锌锰电池相比,纸板式锌锰电池的放电性能和防漏性能有了较大的改进和提高,放电时间大约提高了一倍,大电流和连续放电能力得到改善。电池表达式为:

$$(-)Zn \mid ZnCl_2,NH_4Cl \mid MnO_2,C(+)$$

其电极工作原理如下。

负极放电反应:

$$4Zn \longrightarrow 4Zn^{2+}+8e^- \tag{4-10}$$

$$4Zn^{2+}+H_2O+8OH^-+ZnCl_2 \longrightarrow ZnCl_2 \cdot 4ZnO \cdot 5H_2O \tag{4-11}$$

正极放电反应:

$$8MnO_2+8H_2O+8e^- \longrightarrow 8MnOOH+8OH^- \tag{4-12}$$

电池总反应:

$$8MnO_2+4Zn+ZnCl_2+9H_2O \longrightarrow 8MnOOH+ZnCl_2 \cdot 4ZnO \cdot 5H_2O \tag{4-13}$$

纸板式锌锰电池电解液中氯化锌含量高,电解液酸性强,有利于正极反应生成物的扩散,同时对正极附近 pH 值变化起到了缓冲作用,使得纸板式锌锰电池正极极化降低,从而具有更高的放电容量。电池反应生成物 $ZnCl_2 \cdot 4ZnO \cdot 5H_2O$ 刚开始是松软的沉淀,随着时间延长而变硬,当电池连续放电时,反应生成物来不及变硬,所以纸板式锌锰电池连续放电性能较好。

(3) 碱性锌锰电池

碱性锌锰电池以高纯度、高活性的专用电解二氧化锰作正极活性物质,锌膏作负极,使电化学反应面积成倍增长。同时采用离子电导率较高的氢氧化钾水溶液作电解液,使得电池的内阻减小,且在放电中其内阻值变化很小,所以碱性锌锰电池具有放电电压平稳、放电后电压恢复能力强的特性。根据电池的工作性质,碱性锌锰电池可分为一次碱性锌锰电池和可充电锌锰电池。电池表达式为：

$$(-)Zn \mid KOH \mid MnO_2,C(+)$$

负极放电反应：

$$Zn+2OH^- \longrightarrow ZnO+H_2O+2e^- \tag{4-14}$$

正极放电反应：

$$2MnO_2+2H_2O+2e^- \longrightarrow 2MnOOH+2OH^- \tag{4-15}$$

电池总反应表达式：

$$Zn+2MnO_2+H_2O \longrightarrow 2MnOOH+ZnO \tag{4-16}$$

在碱性溶液中，MnO_2 正极放电过程分两步进行。第一步是 MnO_2 被还原为 $MnO_{1.5}$，该反应是一个固态均相过程，由一种固态结构（MnO_2）转化成另一种固态结构（$MnOOH$），固态物质的基本结构骨架未发生改变，只是质子和电子进入晶格中。虽然晶格中 Mn^{3+} 和 OH^- 浓度增加，但仍保持均相。原有的正极活性物质 MnO_2 逐渐转化成一种低价氧化物，除去水后相当于生成了 $MnO_{1.5}$，可表示为：

$$2MnO_2 \rightarrow 2MnOOH \rightarrow Mn_2O_3 = 2MnO_{1.5} \tag{4-17}$$

第二步是将 $MnOOH$ 进一步还原为 $Mn(OH)_2$，该过程是一个多相反应过程，由三个连续步骤组成：

① Mn^{3+} 从 $MnOOH$ 中以 $Mn(OH)_4^-$ 络离子形式溶解在电解液中。

$$MnOOH(固态)+H_2O+OH^- \longrightarrow Mn(OH)_4^-(溶液) \tag{4-18}$$

② $Mn(OH)_4^-$ 电化学还原为 $Mn(OH)_4^{2-}$。

$$Mn(OH)_4^-+e^- \longrightarrow Mn(OH)_4^{2-} \tag{4-19}$$

③ $Mn(OH)_2$ 从 $Mn(OH)_4^{2-}$ 饱和溶液中沉积出来。

$$Mn(OH)_4^{2-} \longrightarrow Mn(OH)_2(固态)+2OH^- \tag{4-20}$$

总反应为：

$$MnOOH(固态)+H_2O+e^- \longrightarrow Mn(OH)_2(固态)+OH^- \tag{4-21}$$

碱性锌锰电池主要利用第一步反应进行充放电。二氧化锰第一个电子反应为均相反应，电子和质子在二氧化锰的晶格间移动，二氧化锰结构没有发生改变。在此情况下对 MnO_2 进行充电，在原来的晶格位置上，Mn^{3+} 失电子转化为 Mn^{4+}，OH^- 转化为 O^{2-}，二氧化锰结构不会发生改变，此反应可逆。当二氧化锰进行第二个电子反应时，Mn^{3+} 以络合物的形式溶解于电解液中，然后在石墨表面获得电子，获得电子的场合不再是原来三价锰的位置，生成的 Mn^{2+} 在溶液中生成二价锰的络合物，受溶解度的限制又生成固体 $Mn(OH)_2$ 沉积在电极表面。固体 $Mn(OH)_2$ 不在原来三价锰的位置，更不可能进入晶格中。这样二氧化锰晶格受到破坏，放电深度越深晶格深度被破坏程度越严重，直至坍塌。

（4）新型锌锰电池工作原理探索

碱性锌锰电池采用碱性电解液可以提高锌阳极充放电稳定性，但是在碱性环境中正极有可能形成不良可逆中间产物，如 $Mn(OH)_2$、Mn_2O_3 等，抑制了正极性能，使得锌锰电池工作电压和可充电性受到限制。在酸性条件下，MnO_2 具有较好的性能，但是负极会发生析氢反应和严重的锌腐蚀，限制了电池的稳定性和实用性。近期的一项工作指出可以将 MnO_2 正极和 Zn 负极的工作条件解耦，在单个电池中使 MnO_2 和 Zn 分别在酸性和碱性条件下发生氧化还原反应。如图 3-20 所示，将传统的水系电池中电解液部分的结构拆成三部分，在负极（Zn）一侧用碱性电解液，正极（MnO_2）一侧用酸性电解液，两种电解液中间再放上一层缓冲液体，防止酸碱混合[4]。这种设计同时优化了正极和负极的氧化还原反应，使得电池的放电电压提升到 2.83V（原来为 1.5V），循环性能（深度循环 200h，只有 2% 的衰减）和倍率性能也得到了大幅提升。

Zn 电极在碱性溶液中反应，MnO_2 电极在酸性溶液中反应，锌锰电池通过这种解耦电化学反应运行。反应方程式如下：

负极反应：

$$Zn + 4OH^- \rightleftharpoons Zn(OH)_4^{2-} + 2e^- \tag{4-22}$$

正极反应：

$$MnO_2 + 4H^+ + 2e^- \rightleftharpoons Mn^{2+} + 2H_2O \tag{4-23}$$

放电过程中，正极上的 MnO_2 以 Mn^{2+} 离子的形式溶入酸性电解液中，锌负极被氧化并与 OH^- 离子反应，在碱性电解液中形成可溶性 $Zn(OH)_4^{2-}$。为了在阳极和阴极电解质中实现电荷平衡，酸性电解质中的 SO_4^{2-} 通过阴离子交换膜向中性室扩散，碱性电解质中的 K^+ 通过阳离子交换膜向中性室扩散。充电后，酸性电解液中的 Mn^{2+} 以固态 MnO_2 的形式沉积在碳毡上，碱性电解液中的 $Zn(OH)_4^{2-}$ 被还原沉积在 Zn 电极表面。相应地，SO_4^{2-} 和 K^+ 分别通过阴离子交换膜和阳离子交换膜扩散回酸性和碱性电解液中。

4.1.2.2 锌锰电池正极材料发展前沿

当 MnO_2 被还原时，电子和质子扩散到 MnO_2 晶格中，Mn^{4+} 得电子被还原成 Mn^{3+}，H^+ 与 O^{2-} 结合生成 OH^-，进而形成 MnOOH。二氧化锰结晶形态和结晶程度对其还原过程有较大影响。二氧化锰晶体以 [MnO_6] 八面体为基础，与相邻的八面体沿棱或顶点相结合，形成了 α、β、γ 等各种晶型（图 4-2）。α-MnO_2 是 [2×2] 隧道结构，隧道截面面积较大，结构中可以容纳水分子，具有离子交换性能。但其隧道中通常含有 K^+、Na^+、Pb^{2+} 等离子和多种金属杂质，阻碍了质子的扩散，使 MnO_2 氧化能力减弱，采用 α-MnO_2 制成的电池往往电压高，容量低。β-MnO_2 是 [1×1] 隧道结单链结构，截面面积较小，质子扩散比较困难，因此过电势较大。并且 β-MnO_2 中不含水，氧化性能较差，用 β-MnO_2 制成的电池

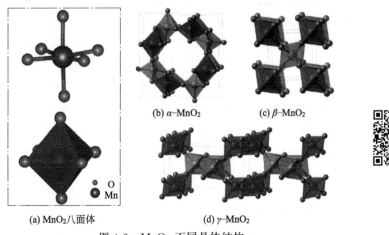

(a) MnO_2 八面体   (b) α-MnO_2 (c) β-MnO_2 (d) γ-MnO_2

图 4-2　MnO_2 不同晶体结构

的电压和短路电流都偏低。γ-MnO_2 是双链和单链互生结构，截面面积较大，质子扩散比较容易，过电势小，反应活性高，实际电池生产一般使用 γ-MnO_2。总的来说，MnO_2 三种晶型电化学反应能力差别较大，其中 γ-MnO_2 活性最高，α-MnO_2 次之，β-MnO_2 最差。

除了 MnO_2 晶型的影响，正极材料的电导率、表面积、孔径分布等对电池性能也有较大的影响。对此可以采用以下方式提高正极材料性能：精细化 MnO_2 结构，复合掺杂改性提高其比表面积，制造晶格缺陷提高电导率，加快质子扩散速率，提高电极材料活性。

精细化 MnO_2 结构可有效提高 MnO_2 的比表面积，增加活性位点暴露比例。纳米材料具有量子尺寸引起的特殊的量子限域效应和界面效应，具有与非纳米材料不同的物理和化学性质。纳米结构的 MnO_2 具有大的比表面积，缩短了电子传导或者离子扩散途径，增强了扩散动力学，有利于材料内部电子的传导和离子的扩散，更充分发挥其优异的电化学性能[4]。人们通过改变实验方法、调整实验参数获得了不同形貌的纳米 MnO_2 结构[5]。例如，Guo 等通过水热法制备了中空的 MnO_2 纳米球，在 0.5C 的放电速率下放电比容量高达 $404mA \cdot h \cdot g^{-1}$。独特的中空结构，具有快速离子输运路径，有利于锌离子的嵌入并且在循环中可以保持结构的稳定性。Cheng 等[6] 通过简单的水热分解法，制备了不同相结构和形貌的 MnO_2，例如一维纳米棒、纳米线和二位分层纳米结构等。这种合成路线不需要模板、催化剂或有机试剂，可以用来大规模生产 MnO_2 纳米晶体，无需特殊的合成后处理进行提纯。由于一维纳米结构减小了质子扩散距离，可以有效提高 MnO_2 性能，在锌锰电池中，α-MnO_2 纳米线放电比容量为 $235mA \cdot h \cdot g^{-1}$，$\gamma$-$MnO_2$ 纳米棒具有更高的放电比容量 $267mA \cdot h \cdot g^{-1}$，远高于市售的 γ-MnO_2 的放电比容量 $210mA \cdot h \cdot g^{-1}$。该研究将促进廉价低毒的一维纳米 MnO_2 在储能领域的应用。

复合掺杂改性，增强电导率，也可以提高 MnO_2 的电池性能。将电化学性能良好的无机物、碳材料、导电聚合物与 MnO_2 进行二元或三元复合可以有效改善 MnO_2 的性能。Xu 等[7] 通过共沉淀法制备了棒状二氧化锰/酸处理的碳纳米管（aCNT）纳米复合材料，在酸处理的碳纳米管表面原位沉积了直径约为 10nm，长度为 50～120nm 的二氧化锰纳米棒，该复合材料提高了二氧化锰利用率，加快了电子传输速率，增强了二氧化锰导电性。Jin[8] 等制备了石墨烯/碳纳米管/MnO_2 复合材料作电极，复合碳纳米薄膜不仅可以提供负载 MnO_2 纳米球的稳固支架，还可以提供有效的离子和电子传输导电网络，展现出优异的电化学性能。此外，引入导电聚合物，如聚苯胺（PANI）、聚吡咯（PPy）、聚噻吩（PTh）等，可以提高 MnO_2 的电导率，加速能量存储过程，防止 MnO_2 的溶解，提高循环稳定性。将碳材料、导电聚合物和 MnO_2 三元复合，可以在提供大的比表面积的同时，提高复合材料的导电性和机械稳定性。Pan 等[9] 将负载 MnO_2 涂层的一维导电聚苯胺（PANI）与二维石墨烯片相结合，制备了 PANI/MnO_2/石墨烯复合材料，该材料在大的电流密度下仍具有优异的可逆容量和循环稳定性。三元复合电极电化学性能的增强是三组分共同作用的结果。聚苯胺纳米线具有较大的比表面积，减小了电解液在电极中扩散的阻力。石墨烯片为聚苯胺的沉积提供了大的表面积和导电通道，在聚苯胺和石墨烯之间具有了良好的界面接触，以实现快速电子传输。MnO_2 纳米片均匀地涂覆在 PANI 纳米线表面，可以防止在充电过程中对 PANI 的结构损伤，并增加复合材料的电容。

制造晶格缺陷，加快质子扩散速率，是提高电极材料活性的有效策略。无机添加剂进入

MnO_2 晶格，可以使其缺陷增多，H^+ 扩散速度提高，MnO_2 晶格膨胀程度减小；同时可以抑制 Mn_3O_4 的生成，或者使 Mn_3O_4 具有电化学活性。Yadav 等[10] 将 Bi_2O_3 和 Cu 作为添加剂，可以实现 MnO_2 理论容量（617mA·h·g^{-1}）的 80%～100%。其性能提高的关键在于利用铜的氧化还原电位，在其溶解和沉淀过程中可逆地插入 MnO_2 和 Bi_2O_3 混合的层状结构中，以稳定和增强其电荷转移特性。在 MnO_2 夹层中嵌入 Cu 可降低电荷转移电阻，对高负载量的 MnO_2 非常有益。而且 Cu 和 Bi_2O_3 的共同添加可以在很大程度上提高充放电速率。Song 等[11] 以混合价态氧化锰制备了薄膜电极，该电极具有优异的比容量、功率密度和循环寿命。因为异价锰阳离子的共存可以形成更多的离子缺陷和电子缺陷，加速表面氧化还原反应的动力学，而且不同氧化锰相之间存在结构差异，其错配可能会产生额外的缺陷，有助于形成多孔纳米结构，增大带电物质的传输速率并将反应位点从表面扩展到电极的表面。

关于 MnO_2 正极材料的研究众多，MnO_2 结构纳米化，掺杂导电性良好的无机物、碳材料及导电聚合物，均可以有效提高锌锰二次电池性能。但烦琐的制备工艺、难以精确控制的材料结构、较低的负载量等问题仍然限制其实际应用。因此，迫切需要进一步研究，寻求成本低廉、适合大规模生产的 MnO_2 正极材料以满足市场需求。

4.1.3 锌镍电池及正极材料

锌镍电池是一种新型的高能量密度水系电池，常用的正极材料为 $Ni(OH)_2$ 和 NiOOH，负极材料为 ZnO 和 Zn，电解液为 KOH 水溶液。该电池具有绿色环保、安全可靠、能量密度大、功率密度高、低温性能好（可在 $-40\,℃$ 下工作）、成本低等优点[12,13]。

锌镍电池的发展已有上百年历史，德国科学家 Dun 在 1887 年发明了碱性锌镍蓄电池。20 世纪 30 年代爱尔兰科学家 Drumm 对锌镍电池的应用作了进一步的尝试，他将锌镍电池用于列车的照明和驱动，但由于电池的循环寿命较短，锌镍电池的应用未能得到推广。20 世纪 60 年代以来，随着石油危机日益凸显，美国政府大力发展电动车项目，将开发锌镍电池列为重要项目进行投资。国内外企业对锌镍电池的发展进行了布局。2007 年美国能杰公司投入 3 亿美元开发锌镍电池用于电动工具、通讯 UPS 电源、汽车起动等领域。2012 年能杰公司与中建集团达成协议，在安徽淮南建立了全球最大的锌镍电池研发与生产基地，总投资超过 100 亿美元。此外，超威电源有限公司、深圳倍特力公司、比亚迪、宁德新能源、江苏海四达等公司也对锌镍电池进行了大量的研究工作。中南大学、南开大学、武汉大学、浙江大学等高校对锌镍电池也进行了深入的研究。2020 年我国也出台了锌镍电池第一个行业标准《锌镍蓄电池通用规范》，这对锌镍电池标准化管理和规范化发展有重大意义。总之，新材料、新工艺、新设备的发展，带动了锌镍电池研发的突破。锌镍电池作为一种新型的电池，已经初步展现出锋芒，随着技术壁垒的突破、优越性能的展现，锌镍电池将很快出现在世人面前[14]。

4.1.3.1 锌镍电池工作原理

锌镍电池分为锌镍一次电池和锌镍二次电池。一次电池正极活性物质一般采用氧化态的 NiOOH，负极活性物质采用金属 Zn 粉。二次电池正极活性物质一般采用还原态的 $Ni(OH)_2$，负极活性物质采用 ZnO 粉末。两类电池的电解液均为 KOH 的水溶液[15]。

锌镍电池表达式为：

$$（-）ZnO｜KOH（aq,饱和 ZnO）｜Ni(OH)_2（+）$$

锌镍电池充放电的电极反应如下。

负极反应：

$$Zn + 2OH^- \rightleftharpoons ZnO + H_2O + 2e^- \tag{4-24}$$

正极反应：

$$NiOOH + H_2O + e^- \rightleftharpoons Ni(OH)_2 + OH^- \tag{4-25}$$

电池总反应：

$$2NiOOH + Zn + H_2O \rightleftharpoons 2Ni(OH)_2 + ZnO \tag{4-26}$$

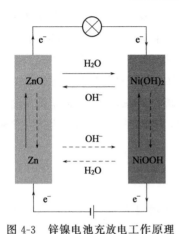

图 4-3　锌镍电池充放电工作原理

在电池放电过程中，金属锌负极被氧化，与电解液中的 OH^- 结合形成 ZnO，并失去电子（图 4-3）。电子经外电路到达电池正极，正极的 NiOOH 得电子后与水反应被还原成 $Ni(OH)_2$。充电时，电极发生逆向反应。在锌镍电池中，电解液不仅起到提供离子迁移电荷的作用，也参与了电极反应。

关于镍电极在碱性溶液中的工作机理仍在研究中，大多数研究者采用质子扩散机理进行解释，质子扩散过程机理反应方程式如下，式中 s 表示溶液，s′ 表示固相。

$$H_2O \rightleftharpoons OH^-(s) + H^+(s') \tag{4-27}$$

$$H^+(s) \rightleftharpoons H^+(s') \tag{4-28}$$

$$NiOOH(s') + H^+(s') + e^-(s') \rightleftharpoons Ni(OH)_2(s') \tag{4-29}$$

人们认为在碱性电解液中进行还原时，电解液中的质子转移到氧化镍表面，使表面层发生还原反应，而后质子从表面扩散到粒子的体相，伴随着三价镍到二价镍的转化过程。氧化过程与上述过程相反，电池的放电速率受质子在氢氧化镍中扩散速度的控制。

4.1.3.2　锌镍电池正极材料发展前沿

高能量密度、高功率、低成本的锌镍电池具有广阔的发展前景，为了进一步提高锌镍电池的性能，开发高耐用性和高容量的新型镍电极，人们对镍电极进行了大量的研究[16-18]。目前，主要研究的正极材料有氢氧化镍、氧化镍、三元金属氧化物和硫化镍等。

（1）氢氧化镍基正极材料

氢氧化镍存在 $\alpha\text{-}Ni(OH)_2$ 和 $\beta\text{-}Ni(OH)_2$ 两种晶体结构，在电化学反应过程中，存在 $\beta\text{-}Ni(OH)_2/\beta\text{-}NiOOH$ 和 $\alpha\text{-}Ni(OH)_2/\gamma\text{-}NiOOH$ 两个氧化还原反应。对于充放电过程中氢氧化镍各种晶型间的转化关系，Bode 提出了如下机理（图 4-4）。

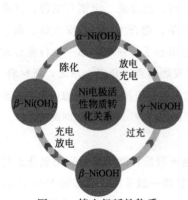

图 4-4　镍电极活性物质相互转化关系

锌镍电池中目前使用最多的正极材料是 $\beta\text{-}Ni(OH)_2$，在充放电过程中主要是 $\beta\text{-}Ni(OH)_2$ 与 $\beta\text{-}NiOOH$ 之间的转变。其中 $\gamma\text{-}NiOOH$ 属于电池过充的产物，$\alpha\text{-}Ni(OH)_2$ 在碱性溶液中稳定性很差，经过陈化后会变为 $\beta\text{-}Ni(OH)_2$。但是 $\beta\text{-}Ni(OH)_2$ 的电化学比容量已经接近理

论值 $289mA \cdot h \cdot g^{-1}$，$\alpha$-Ni(OH)$_2$ 具有特殊的层状螺旋结构，由等距离的层状 NiO$_2$ 构成，一些 OH$^-$ 和金属离子插入相邻的 NiO$_2$ 层之间，使 α-Ni(OH)$_2$ 发生氧化还原反应时平均每个镍原子转移的电子数目是 β-Ni(OH)$_2$ 的 1.7 倍左右，其理论比容量能够达到 $490mA \cdot h \cdot g^{-1}$，具有很大的开发研究价值。除此之外，$\alpha$-Ni(OH)$_2$ 的固体扩散质子数较大，γ-NiOOH 中 Ni 元素的平均价态较高，如果电池反应可以在这两相之间进行，可以防止其他转换对电池带来的不利影响，有利于电池性能的提升。实际情况相对比较复杂，γ-NiOOH 晶格存在缺陷并且结晶性较差，晶格间的引力小，电极中质子转移更加容易，使得该材料具有较大的质子扩散系数，但是其晶格中堆积了大量的 H$_2$O 和其他离子，导致 γ-NiOOH 层间距增大，材料密度降低，容易引发电极膨胀变形。α-Ni(OH)$_2$ 在碱性电解液中稳定性差，在强碱和较高温度下，Ni(OH)$_2$ 会发生脱氢，进一步造成 α-Ni(OH)$_2$ 层状结构的电荷失衡，静电作用使得 Ni(OH)$_2$ 脱氢后的阴离子与 α-Ni(OH)$_2$ 层间阴离子发生排斥作用，最终层间距缩小使阴离子和水排除，经过一段时间的陈化后变成稳定的 β-Ni(OH)$_2$。

对于如何稳定 α-Ni(OH)$_2$，人们尝试了许多方法并取得了重要进展。比较有代表性的方法是使用其他金属离子如 Al^{3+}、Fe^{3+}、Mn^{4+}、Co^{2+}、Zn^{2+} 等部分替代 Ni^{2+}。由于 α-Ni(OH)$_2$ 的层状结构，其稳定性归因于结构中相反的带电层之间的强静电作用和化学相互作用，掺杂的离子可以影响层的物理和化学性质，从而调节电化学行为。例如 Al 的掺杂可以减小纳米板尺寸增加电化学比表面积，Co 的掺杂可以抑制 γ-NiO$_2$ 的生成，抑制二价镍被氧化至更高氧化态，可以显著提高电极的耐久性。Gong 等[19] 在铜片上合成了 NiCoAl 的双氢氧化物电极，Co 和 Al 元素的引入极大地提高了 Ni(OH)$_2$ 在碱性溶液中的稳定性，该电极与锌电极组成的锌镍电池具有 $184mA \cdot h \cdot g^{-1}$ 和 $14W \cdot h \cdot kg^{-1}$ 的能量密度和功率密度，连续循环 2000 次容量仅损失了 6%。此外，不同的阴离子种类和插入层内的阴离子数量对 α-Ni(OH)$_2$ 的电化学性能也有重要影响。C. Delmas 发现，在掺杂阴离子时，正极材料的稳定性依次为：掺杂 CH$_3$COO$^-$ 的 α-Ni(OH)$_2$ < 掺杂 NO$_3^-$ 的 α-Ni(OH)$_2$ < 掺杂 Cl$^-$ 的 α-Ni(OH)$_2$ < 掺杂 SO$_4^{2-}$ 的 α-Ni(OH)$_2$ < 掺杂 CO$_3^{2-}$ 的 α-Ni(OH)$_2$[20]。

（2）氧化镍正极材料

NiO 具有化学稳定性和热稳定性好、易于合成、环境友好以及理论容量高等优势，是一种具有较好发展前景的锌镍电池电极材料。但是其存在循环稳定性差、离子和电子传输速率慢、循环过程中体积变化大等问题，限制了 NiO 在锌镍电池中的广泛应用。

针对氧化镍电极存在的问题，人们主要采取了形态设计和组分调制两种策略。纳米结构材料具有较短的离子扩散长度、较短的电子传递途径和较大的氧化还原反应的表面积，可以增加反应活性位点，提高反应动力学速率，增强材料的电化学性能。通过对 NiO 电极进行科学、高效的形态设计，人们制备了大量的 NiO 纳米结构，如纳米薄片、纳米线和纳米带等，并将其作为锌镍电池的正极进行了深入研究。Wu 等[21] 报道了一种通过改进水热法直接在铜基底上生长的单晶 NiO 纳米片阵列，该纳米片存在介孔结构，可以提供高效的离子传输，并且具有足够的体积膨胀灵活性。

组分调制也是提高 NiO 电化学性能的重要手段。氧化镍在电化学储能应用中的利用效率很大程度上受低电导率和相对缓慢的电荷转移性能的限制。设计具有理想组分的复合纳米电极是有效提高 NiO 电极导电性、容量和耐久性的有效途径[22]。纳米结构的镍基电极与导电碳纳米材料结合，可以大大提高镍锌电池的功率密度和能量密度。具有高导电性和优异化学稳定性的碳材料可以显著改善 NiO 导电性差的状况。Liu 等[23] 利用碳化电沉积法制备了氮掺杂碳纤维（CF），用 PPy 包覆多孔超薄 NiO 纳米薄片，构建了一种无黏结剂 CF@NiO 电极，在 6000 次循环后，可以保留 92.4％的初始容量。这种优异的电化学性能归因于金属氧化物与碳之间的协同效应，可以提供丰富的电极/电解质接触界面和快速的电化学动力学。

除了将 NiO 纳米结构与碳基材料复合外，构建 NiO-金属复合结构也是实现组分调制的有效思路，特别是制备 Ni-NiO 异质结构材料。Ni-NiO 异质结构有助于提高电导率，加快离子扩散速度。人们将金属镍引入 NiO 中，以提高其导电性。与常规无序金属氧化物相比，金属镍不仅能提高材料的导电性，而且有利于提高循环过程中的动力学，保持材料的结构稳定性。Zeng 等[24] 以草酸作为氧化镍前驱体的还原剂，通过原位还原法制备了 Ni-NiO 异质结构纳米片，具有较高的电活性和极好的稳定性。异质结构 Ni-NiO 材料是目前报道的锌镍电池循环性能较好的材料之一，为解决电池寿命问题提供了新的途径。

（3）其他镍基化合物正极材料

三元金属氧化物（如 $NiCo_2O_4$、$NiMoO_4$ 等）与单金属镍或镍氧化物相比，具有更好的导电性（高出两个数量级）和更高的电化学活性。此外，它还具有成本低、资源丰富、环境友好等优点，各种以三元金属氧化物为基础的纳米结构超级电容器和锂离子电池电极已经得到了很好的研究。Lu 等[25] 将一种三维自支撑多孔 $NiCo_2O_4$ 纳米片作为柔性水基镍锌电池的高性能正极，这种无黏结剂的三维多孔结构不仅具有较高的比表面积和丰富的活性位点，而且促进了电子传递和离子扩散，改善了电极的氧化还原动力学。

硫化镍容量大、电化学过程可逆程度高，被广泛应用于锂离子电池、钠离子电池和超级电容器中。Ni_3S_2 在常温下的电导率为 $5.5 \times 10^4 S \cdot cm^{-1}$，比氧化物具有更高的电导率，能够进行快速的电荷转移。在碱性溶液中，二价镍和三价镍的可逆氧化还原反应和过渡金属硫化物与 OH^- 的快速法拉第反应使 Ni_3S_2 表现出较高的可逆电化学性能，在锌镍电池中具有很大的应用潜力。Hu[26] 等通过原位硫化的方式在泡沫镍上制备了 Ni_3S_2 超薄纳米片，组装成的锌镍电池具有 $125mA \cdot h \cdot g^{-1}$ 的比容量，并且该电池循环 100 次后容量没有明显下降。

4.1.4 锌银电池及正极材料

锌氧化银电池，简称锌银电池，它以氧化银（AgO 或 Ag_2O）为正极，金属锌（Zn）为负极，KOH 水溶液为电解液[27]。锌银电池具有能量密度高、高倍率放电性能好、工作电压平稳、力学性能和储能性能优异等特点。根据锌银电池的工作性质可分为一次电池、二次电池和贮备电池三类[28]。

锌银电池的发展可追溯到 18 世纪末，Alessandro Volta 开启了锌银电池研究的先河，当时他所研究的锌银电池堆被认为是能量最高的水系电池。1883 年，Clarke 制备了第一只完整的碱性锌银原电池；1887 年 Dun 和 Hasslacher 提出了第一只锌银蓄电池。由于其中存在着一些难以解决的关键技术，直到 1941 年，法国的 Henri Andre 提出使用半透膜作为隔膜后，才制备出了具有实际应用价值的锌银电池。20 世纪 50 年代美国 Yardney 公司设计制造出了可充锌银电池。美国国防部首先将其应用到了水下潜水艇，并获得了成功。至今，锌银电池在飞机、潜水艇、浮标、导弹、空间飞行器和地面电子仪表等领域始终保持着长盛不衰的态势。

我国的锌银电池也是随着导弹、宇航事业的发展而发展起来的。自20世纪50年代末开始研制，60年代中期锌银电池在我国自行设计的导弹中获得应用。目前我国已研制了各种规格的一次电池、二次电池和能瞬间投入使用的自动激活式锌银贮备电池，已经形成了一定规模的生产能力，满足了各类导弹、鱼雷等武器及卫星的需要。近年来，我国也批量生产了扣式锌银电池和开口式蓄电池，满足了手表和摄影照明的需求。

锌银一次电池通常设计为密封的扣式电池，体积较小，形状与纽扣类似。其正极活性物质为 Ag_2O，负极为锌粉，电解质是 KOH 水溶液，正负极之间用隔膜分开，电池开路电压约为 1.58V。锌银一次电池具有高的比能量，放电电压稳定，是高性能电池之一。由于正极活性物质为银的氧化物，电池成本较高，现在只限于生产容量较小的小型电池，主要用于小电流连续放电的微型电器，如石英电子手表、计算器、助听器、照相机和小型测量仪器等。

锌银二次电池又名锌银蓄电池，开路电压约为 1.86V，无论质量能量密度还是体积能量密度均高于以锂离子电池为代表的二次电池。一般制成矩形、圆柱形或纽扣形，最普遍的是矩形锌银二次电池[29]。单体电池由 n 片正极、$n+1$ 片负极和隔膜组成，正负极相互啮合，并被隔膜机械隔离。锌银蓄电池循环寿命较短，高倍率仅能进行 7~38 个循环，低倍率也只能循环 100~200 次。此外，其低温性能较差，最佳使用温度为 15~35℃，当工作温度超过 70℃时，会严重影响电池寿命。循环寿命短、价格高，限制了锌银二次电池的使用领域。目前，主要用于军事、国防等尖端科技领域，如卫星电源、航天启动电源和军用歼击机随行应急电源等。

较大规模的锌银一次电池一般会被做成激活式贮备电池。电极以充电状态装配在电池中，不注入电解液，能长期保存，电池性能却不会有太大变化。一旦需要，可自动注入电解液进行激活，使电池在极短的时间内进入工作状态。贮备电池一般使用非编织的耐碱纸作为隔膜，正极为经电解化成或化学法制备的氧化银，负极为电沉积锌或 0.05~0.10mm 厚的穿孔锌箔。为了保证高放电率下的性能，要求贮备电池的孔隙率比较高，锌板比较薄，通常在极板上压有凹槽，激活时有利于电解液的流通和气体的导出。锌银贮备电池具有高比能量、高比功率并且能够高倍率放电，主要用于导弹、鱼雷以及其他宇宙空间装置中，作为战备需要的贮存能源。

4.1.4.1 锌银电池工作原理

锌银电池以银的氧化物（AgO 和 Ag_2O）为正极，以锌（Zn）为负极，电解液为氢氧化钾（KOH）的水溶液，其电池表示为：

$$(-)Zn \mid KOH \mid Ag_2O(AgO)(+)$$

在放电过程中，锌电极的放电产物为氧化锌（ZnO）或氢氧化锌 $Zn(OH)_2$：

$$Zn+2OH^- \longrightarrow Zn(OH)_2+2e^- \tag{4-30}$$

$$Zn+2OH^- \longrightarrow ZnO+H_2O+2e^- \tag{4-31}$$

银电极有两种价态，一价氧化银 Ag_2O 和二价氧化银 AgO，放电反应相应为：

$$2AgO+H_2O+2e^- \longrightarrow Ag_2O+2OH^- \tag{4-32}$$

$$Ag_2O+H_2O+2e^- \longrightarrow 2Ag+2OH^- \tag{4-33}$$

电池的总反应为：

$$Zn + 2AgO + H_2O \longrightarrow Zn(OH)_2 + Ag_2O \tag{4-34}$$

$$Zn + Ag_2O + H_2O \longrightarrow Zn(OH)_2 + 2Ag \tag{4-35}$$

或

$$Zn + 2AgO \longrightarrow ZnO + Ag_2O \tag{4-36}$$

$$Zn + Ag_2O \longrightarrow ZnO + 2Ag \tag{4-37}$$

从上式中可以看出，锌银电池的电极电势仅取决于正负极的标准电极电势。正负极标准电极与电极反应过程有关。负极上反应产物为氢氧化锌时：

$$\varphi^{\ominus}_{Zn(OH)_2/Zn} = -1.249V$$

负极上反应产物为氧化锌时：

$$\varphi^{\ominus}_{ZnO/Zn} = -1.260V$$

正极由 AgO 还原为 Ag_2O 时：

$$\varphi^{\ominus}_{AgO/Ag_2O} = +0.607V$$

正极由 Ag_2O 还原为 Ag 时：

$$\varphi^{\ominus}_{Ag_2O/Ag} = +0.345V$$

因此当负极的放电产物为氢氧化锌时，对应于不同的正极反应，电池的电动势分别为：

$$E_1 = +0.607 - (-1.249) = 1.856V$$

$$E_2 = +0.345 - (-1.249) = 1.594V$$

当负极放电产物为氧化锌时：

$$E_1 = +0.607 - (-1.260) = 1.867V$$

$$E_2 = +0.345 - (-1.260) = 1.605V$$

E_1 约为 1.86V，为高坪阶的电动势，对应于 AgO 还原为 Ag_2O 时的电极反应过程，E_2 约为 1.60V，为低坪阶的电动势，对应于 Ag_2O 还原为 Ag 时的电极反应过程。两个放电坪阶是锌银电池特有的电压特性。锌银电池在实际工作情况下，由于放电率等条件的不同，电池的两个坪阶工作电压分别在 1.70V 和 1.50V 左右。

锌银电池的正极活性物质为二价氧化银 AgO 或一价氧化银 Ag_2O，氧化银的两种价态决定了锌银电池的充放电特性。在充电过程中，金属银通过一价氧化银（Ag_2O）生成二价氧化银（AgO）。放电时，二价氧化银通过一价氧化银还原为金属银。无论充电还是放电，均有中间产物 Ag_2O 的生成。因此在充放电曲线上，可以明显观察到对应于银的两种氧化物的两个电势坪阶，如图 4-5 所示。

充电曲线的 ab 阶段电位坪阶对应于金属 Ag 氧化为一价氧化银 Ag_2O。反应初始阶段主要发生在金属银和氢氧化钾溶液的接触界面上。随着 Ag_2O 的生成，电极表面逐渐被 Ag_2O 覆盖。由于 Ag_2O 的电阻率比金属银大得多，充电过程中欧姆电阻逐渐增大，参加反应的 Ag 的接触面积变小，增大充电阶段的真实电流密度，使得电极的极化现象增大。到达 b 点后，电极电势急剧增大，增大到了可以生成二价氧化银 AgO 的电极电势（c 点），开始生成 AgO。

$$2Ag + 2OH^- \longrightarrow Ag_2O + H_2O + 2e^- \tag{4-38}$$

二价氧化银 AgO 的电阻率比 Ag_2O 低很多，改善了电极的导电性，使得电势有所下降，

下降到 d 点，随后出现第二个电势坪阶 de 段，该段主要是二价氧化银 AgO 的生成反应，一般保持在 1.90～1.95V。当电极被氧化到一定深度以后，反应变得困难，电极电势不断向正方向移动，直到达到氧的析出电势，即图 4-5 的 e 点，开始发生氧析出反应，充电过程结束。

$$Ag_2O + 2OH^- \longrightarrow 2AgO + H_2O + 2e^- \tag{4-39}$$

$$4OH^- \longrightarrow 2H_2O + O_2 + 4e^- \tag{4-40}$$

氧化银放电时与充电时类似，放电曲线也存在两个电势坪阶，第一个坪阶 $a'b'$ 相当于二价氧化银 AgO 被还原为一价氧化银 Ag_2O 的电极过程。随着放电反应的进行，电极表面逐渐被电阻率大的 Ag_2O 覆盖，反应变得困难，电极电势向负的方向移动，当达到金属银的生成电势 b' 时，Ag_2O 开始被还原为金属银。同时，也可能有 AgO 被直接还原为金属银的反应。放电曲线进入第二坪阶 $b'c'$ 段，放电电压十分平稳。此放电阶段持续时间长，是锌银电池放电时的主要工作阶段，可以放出电极总存储电量的 70% 左右。

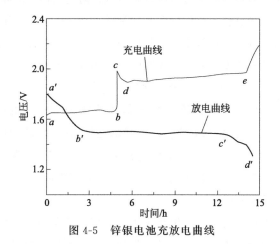

图 4-5　锌银电池充放电曲线

4.1.4.2　锌银电池正极材料发展前沿

银电极放电时存在两个电势坪阶。当高倍率放电时，由于极化的原因，高坪阶电压不明显，但在小电流长时间放电、对电压精度要求高的场合，高坪阶电压的存在是十分突出的问题。一般高坪阶电压段占总放电容量的 15%～30%，如何利用这部分容量是提高电池实际比能量的重要问题。

对于如何消除高坪阶电压，人们进行过许多研究，如采取热分解的方法，使电极表面的氧化银部分分解，或进行预先放电，在使用前用一定的电流放电至平稳电压段，都可以消除高坪阶电压，但会损失部分容量。采用不对称交流电充电，可消除高坪阶电压并提高电池容量，但该方法比较复杂，并且当放电电流密度较小时，仍会出现高坪阶电压。广泛使用的方法是在电解液中添加卤素离子，以消除放电的高坪阶电压[30]。

除此之外，银电极在湿贮存过程中会自放电，降低电池寿命，主要是因为氧化银溶解在电解液中形成胶体银，胶体银的迁移是危害锌银蓄电池寿命的重要因素；胶体银向负极迁移的过程中，在隔膜上沉积并被还原为细小的金属银颗粒，随着充放电循环和使用时间的延长，隔膜逐渐被氧化破坏，最终导致电池内部短路。这种破坏随着胶体银浓度的增大而加速。

随着科学技术的快速发展，对锌银电池的贮存寿命和电性能有了更高的要求，人们对银电极进行了大量的研究，主要采取了以下方法对银电极进行改进。

a. 根据使用场景选取合适的银电极。锌银电池普遍采用电化学方法制备的银电极（EP银电极），制备方法是将烧结银电极在 KOH 电解液中经阳极氧化处理生成氧化银，但是电极活性物质是不确定的 AgO、Ag_2O 和 Ag 的混合物。EP 银电极活性物质成分的不确定性和较高的制造成本推动了化学法制备银电极（CP 银电极）的研究工作，主要有 AgO 的 CP 银电极和 Ag_2O 的 CP 银电极。AgO 的 CP 银电极制备方法一般为 $AgNO_3$ 碱溶液的过硫酸盐氧化或臭氧氧化，Ag_2O 的 CP 银电极制备方法一般为 $AgNO_3$ 碱溶液的沉淀。EP 银电极与 AgO 的 CP 银电极相比，EP 银电极高倍率放电性能好，一般用于高倍率锌银电池，AgO 的 CP 银电极一般用于低倍率锌银电池。与这两种电极相比，Ag_2O 的 CP 银电极较稳定，分解温度高达 700K，可以用在对老化性能要求苛刻的情况，但其放电容量较低。

b. 原位制备银电极，对活性物质进行碳材料包覆，防止结构坍塌和活性物质脱落。锌银电池由于结构粉化、银离子迁移、活性物质负载量低，循环性能差、能量密度低是限制其广泛应用的主要瓶颈。将活性材料直接锚定在基材的 3D 导电骨架上，协同使用导电聚合物保护层，理论上可以增加能量密度，并提高锌银电池的循环性能。Yao 等以聚（3,4-乙烯二氧噻吩）：聚苯乙烯磺酸盐（PEDOT：PSS）缓冲层为阴极，在金属有机骨架（MOF）衍生的氮掺杂碳纳米片阵列（NC）上构建了准固态纤维状 $Zn-Ag_2O$ 电池。该新型银电极由 Ag_2O 纳米颗粒覆盖聚（3,4-乙烯二氧噻吩）：聚苯乙烯磺酸盐（PEDOT：PSS）直接沉积在氮掺杂纳米碳阵列（NC）上，制备了无黏结剂电极，保证了电子和离子容易转移的通道。其中缓冲层可以抑制结构粉化，减缓银离子迁移，MOF 衍生的 NC 骨架能够保持结构的完整性，并增加 Ag_2O 的质量载荷。

c. 根据电荷载体与电极材料之间的相互作用，采用阴离子插入/萃取的方法调控电压平台，延长循环寿命。在电解液中加入阴离子卤化物来代替 OH^- 的作用，在卤化物存在的情况下，Ag 可以可逆地被氧化为卤化物银，并受阳极电位的影响。电池通过阴离子卤化物作为充电载体进行阴极反应，使两相过渡过程具有超平坦的放电电压平台。与传统碱性银锌电池（100 次）相比，该电池的循环寿命延长到了 1300 次。对于正极而言，卤化物的插入化学作用会使电池充电过程中产生不溶性产物 AgX（X＝Cl、Br、I），有效地消除了正极的溶解现象。

d. 纳米氧化银掺杂或设计新型电极结构，可以有效提高锌银电池性能。在一定范围内，掺入纳米 Ag_2O 活性粒子的银电极比传统银电极有更加优越的充放电性能。利用特种喷墨设备制备出三维银电极，与平面银电极相比，此种银电极的比表面积更大，具有更好的容量。Lu 等制备了一种高性能可印刷锌银电池用于柔性电子设备。使用弹性体复合材料制作了可印刷油墨，通过高通量、低成本的逐层丝网印刷工艺来制造集流体、电极和隔膜，以堆叠结构真空密封。该电池具有柔韧性、可充电性、高面容量和阻抗低等特点。这种锌银电池可以为带有柔性电子墨水显示的小型无线系统提供能量，在大电流消耗和脉冲放电条件下都表现出优异的性能。这类锌银电池为各种电子设备提供了实用的解决方案，对高性能柔性电池的发展具有重要意义。

4.2 基于电化学催化反应的锌基电池体系

4.2.1 锌空气电池及正极材料

在水系锌基电池中，可充电锌空气电池是基于电催化剂的氧还原反应（ORR）和氧析出反应（OER）双功能催化反应而发展的储能器件。锌空气电池是以空气中的氧气作为正极活性物质，金属锌作为负极活性物质，氢氧化钾为电解液的高能化学电源。锌空气电池正极的催化剂具有双功能催化作用，在放电时正极活性物质氧气在催化剂的作用下发生 ORR，充电时 OH^- 在催化剂作用下发生 OER。锌空气电池具有高比能量（理论能量密度 $1350W \cdot h \cdot kg^{-1}$）、工作电压平稳、内阻较小和价格低廉等优点，因此引起了人们的广泛关注。

锌空气电池发展至今已有 140 多年的历史。1878 年，Maiche 将含有铂金的蒸馏炭粉碎后填装在多孔容器内作为正极，锌作为负极，氯化铵水溶液作为电解液制成了第一个锌空气电池。该电池的外形和结构都与锌锰电池相似，但容量要高出一倍以上。该电池在第一次世界大战时已经开始生产，法国曾将其用作铁路和邮电通讯电源，但由于受到炭电极负载量的限制，放电电流密度只能达到 $0.3mA \cdot cm^{-2}$。20 世纪 20 年代以后，人们对锌空气电池进行了大量的研究改进，1932 年，Heise 和 Schumadchersh 制成了碱性锌空气电池，采用汞齐化锌为负极，经石蜡防水处理的多孔碳作为正极，氢氧化钾水溶液为电解液，锌空气电池放电电流密度有了很大的提高，可达 $7 \sim 10mA \cdot cm^{-2}$。20 世纪 60 年代，高性能氧电极的成功研制使锌空气电池在技术上实现了实质性的突破，采用聚四氟乙烯作黏结剂的薄型气体扩散电极，具有良好的气液固三相结构，电极厚度在 $0.12 \sim 0.5mm$，最大放电电流密度可达 $1000mA \cdot cm^{-2}$，使得高功率锌空气电池得以实现。

近年来，锌空气电池在许多重要领域发挥了不可替代的作用，锌空气电池具有很高的瞬时输出功率和稳定的放电电压，连续放电性能良好，适合大电流脉冲式放电，被广泛用于航海的航标灯、无线电中继站、电动车等领域。随着气体扩散电极理论的进一步完善以及催化剂制备和气体电极制作工艺的发展，锌空气电池的性能有了进一步的提高。国际上，锌空气电池的研制开发已经进入电动汽车应用阶段，日本三洋公司采用空气和电解液受力循环的方式，研制出 $125V/560A \cdot h$ 的动力型锌空气电池，放电电流密度最高可达 $130mA \cdot cm^{-2}$。以色列 Electeic Fule 公司研发的锌空气电池，比能量可达 $175W \cdot h \cdot kg^{-1}$，最大连续放电功率为 $45kW$，行驶里程为 $439km$。

4.2.1.1 锌空气电池工作原理

锌空气电池主要由锌电极、空气电极、电解质和隔膜四部分构成（图 4-6）。根据其反应可逆性可分一次锌空气电池、机械式充电锌空气电池和长循环可充电锌空气电池三类。一次锌空气电池的电池容量由负极锌含量决定，当锌电极完全消耗后，电池放电容量达到峰值，无法继续使用。机械式充电锌空电池在放电完全后，通过更换新的电解质和锌电极可以实现电池的重复利用。可充电式锌空气电池是目前发展的重要方向及研究领域，这类电池在放电后，可以通过再次充电实现电能向化学能的转化，具有可逆的充放电过程，其电池结构表达式为：

$$(-)Zn \mid KOH \mid O_2(空气)(+)$$

负极反应：

$$Zn+2OH^- \rightleftharpoons ZnO+H_2O+2e^- \tag{4-41}$$

正极反应：

$$\frac{1}{2}O_2+H_2O+2e^- \rightleftharpoons 2OH^- \tag{4-42}$$

电池总反应：

$$Zn+\frac{1}{2}O_2 \rightleftharpoons ZnO \tag{4-43}$$

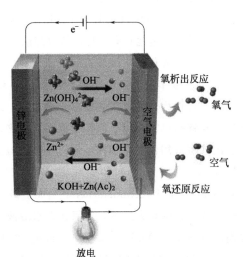

图 4-6　锌空气电池示意

电池的电动势为：

$$E=\varphi_{O_2/OH^-}^{\ominus}-\varphi_{ZnO/Zn}^{\ominus}+\frac{0.059}{2}\lg\left(\frac{p_{O_2}}{p^{\ominus}}\right)^{\frac{1}{2}}=1.646+\frac{0.059}{2}\lg\left(\frac{p_{O_2}}{p^{\ominus}}\right)^{\frac{1}{2}} \tag{4-44}$$

式中，$\varphi_{O_2/OH^-}^{\ominus}$ 为氧电极的标准电极电势（0.401V）；$\varphi_{ZnO/Zn}^{\ominus}$ 为锌电极的标准电极电势（−1.245V）。锌空气电池的电动势与氧的分压有关。在常压下，空气中氧的分压约为大气压的 20%。

$$E=1.646+\frac{0.059}{2}\lg\left(\frac{p_{O_2}}{p^{\ominus}}\right)^{\frac{1}{2}}=1.636\text{V} \tag{4-45}$$

测得锌空气电池的开路电压一般在 1.4～1.5V 之间，主要原因在于氧电极在发生氧还原反应生成 OH⁻ 时，涉及四电子转移和多键重排，动力学非常缓慢，反应过程需要较大的过电势，能量转换效率会受到 ORR 电子转移过程中高活化能的限制，导致其开路电压低于理论电压。

以碱性锌空气电池为例，锌空气电池放电过程中锌负极与电解液中的 OH⁻ 发生阳极反应生成氧化锌，释放出电子，经过外电路电子到达空气电极。空气中的氧经过电解液扩散到空气电极上，在催化剂的作用下得到电子，发生氧还原反应（ORR）。

氧还原反应（ORR）：

$$O_2+2H_2O+4e^- \longrightarrow 4OH^- \tag{4-46}$$

氧还原反应（ORR）是锌空气电池放电过程中空气电极发生的核心反应。ORR反应涉及氧气吸附、电荷转移和产物脱附解离等步骤，是典型的多电子还原反应，其中间产物复杂，同时涉及多个电化学反应过程。

ORR根据氧分子吸附类型可以分为二电子和四电子转移途径，二电子转移途径对应的氧气吸附类型为一个氧原子与催化剂垂直结合的终端氧吸附，四电子转移途径对应的氧吸附类型为两个氧原子催化剂结合的双配位氧吸附。

终端氧吸附反应过程（二电子反应路径）如下：

$$O_2 + H_2O + * + e^- \longrightarrow OH^- + *OOH \tag{4-47}$$

$$*OOH + e^- \longrightarrow HO_2^- + * \tag{4-48}$$

反应产物 HO_2^- 将结合两个电子发生还原或歧化反应。

还原反应：

$$HO_2^- + H_2O + 2e^- \longrightarrow 3OH^- \tag{4-49}$$

歧化反应：

$$2HO_2^- \longrightarrow 2OH^- + O_2 \tag{4-50}$$

在二电子转移步骤中，空气中的氧气得到两个电子变为 H_2O_2 或者 HO_2^-，其 $O{=}O$ 双键并没有断裂，想要进一步还原，需要获得更高的活化能。而中间产物 H_2O_2 是较为稳定的，如果没有足够的活化能反应随时可能结束成为最终产物，造成电极电位负移。不仅如此，积聚的 H_2O_2 可以进入到阳极，与锌发生电化学反应，造成锌的利用率降低。

双配位氧吸附反应（四电子反应路径）如下：

$$* + O_2 \longrightarrow *O_2 \tag{4-51}$$

$$*O_2 + H_2O + e^- \longrightarrow *OOH + OH^- \tag{4-52}$$

$$*OOH + e^- \longrightarrow *O + OH^- \tag{4-53}$$

$$*O + H_2O + e^- \longrightarrow *OH + OH^- \tag{4-54}$$

$$*OH + e^- \longrightarrow * + OH^- \tag{4-55}$$

氧气吸附在电极表面，形成吸附氧或生成吸附氧化物和吸附氢氧化物，最后得电子形成 OH^-。氧气在空气电极中发生的电化学反应极其复杂，其反应机理随电极材料和反应条件的变化而变化，不同中间产物的形成往往导致反应机理发生变化。如果催化剂催化机理是二电子得失路径，则反应生成的最终产物是双氧水，此时 O_2 只有一半利用率，并且 O_2/HO_2^- 的标准电极电位较低，对整个电池系统而言危害较大；而如果氧还原反应通过四电子反应途径进行，则 O_2 利用率为100%，O_2/OH^- 标准电位比 O_2/HO_2^- 高0.5 V以上。ORR途径的选择主要与催化剂表面对 O_2 及其各种过渡态物种的吸附和解析速率有关。在锌空气电池中，为氧还原反应选择合适的催化剂是至关重要的，为了防止 HO_2^- 的积累，应选择高性能的催化剂加速其分解或者选择合适的催化剂改善其对过渡态物种的吸附能使其发生四电子转移反应。此外，所选择的催化剂还应具有催化活性高、工业寿命长、电解液中化学稳定性好、资源丰富、成本低廉等优点。

在碱性锌空气电池充电过程中，氧化锌在锌电极表面得电子反应生成金属锌，OH^- 在空气电极中催化剂的作用下失去电子发生氧析出反应（OER）生成氧气。氧析出反应（OER）是ORR的逆反应，是四电子转移过程，涉及多个电子重排，反应机理复杂，动力

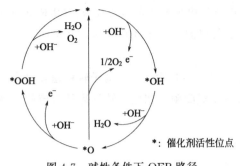

图 4-7 碱性条件下 OER 路径

* : 催化剂活性位点

学缓慢,需要较大过电势驱动该反应(图 4-7)。对于 OER 反应机理,目前普遍的共识是,OER 的电催化过程为非均相反应,在反应过程中不同含氧中间体(＊O、＊OH、＊OOH)依次吸附在活性位点上,各步骤的反应活性取决于相应含氧物质的吸附能。

氧析出反应(OER):

$$4OH^- \longrightarrow O_2 + 2H_2O + 4e^- \qquad (4\text{-}56)$$

目前大家广泛认同的 OER 机制如下:

$$OH^- + * \longrightarrow *OH + e^- \qquad (4\text{-}57)$$

$$*OH + OH^- \longrightarrow *O + H_2O + e^- \qquad (4\text{-}58)$$

$$*O + OH^- \longrightarrow *OOH + e^- \qquad (4\text{-}59)$$

$$*OOH + OH^- \longrightarrow O_2^* + H_2O + e^- \qquad (4\text{-}60)$$

$$O_2^* \longrightarrow * + O_2 \qquad (4\text{-}61)$$

总而言之,根据 ORR 和 OER 机理,在双功能电催化剂的设计中应注重开发具有双功能活性和良好结构调控的活性材料,以充分提高表观电催化性能。寻找合适的活性材料,合理调节其内在活性,调节含氧中间体在活性位点上的吸附能。如果含氧物质在活性位点上的吸附太强,则产物难以解吸。如果含氧中间体与活性位点之间的相互作用太弱,则反应物被吸附的可能性很小。有效的 ORR 和 OER 电催化需要适当的含氧基团吸附能,通过对活性位点电子结构的合理调控,使吸附能达到合适的值,从而实现优化的电催化活性。此外,还可以从优化电催化剂的结构特征入手,扩大表面积,加快质子扩散和电子输运速率,暴露出更多的活性位点等。

4.2.1.2 锌空气电池正极材料发展前沿

锌空气电池因其具有高理论能量密度、低成本和高安全性而成为当前的研究热点。锌空气电池在充放电过程中涉及四电子 OER/ORR,其迟缓的反应动力学导致锌空气电池存在较大的极化效应,从而使得能量转化效率偏低。此外,催化剂体系往往仅对单一反应过程起作用,这对涉及空气电极双反应过程的锌空气电池的发展构成了巨大的挑战。目前致力于开发高效的双功能催化剂以解决氧气在 OER 和 ORR 过程中缓慢的动力学,降低正极反应过程中的电化学极化,进而提高电池的充放电效率,减少能量损耗。现阶段大量研究的催化剂主要包括:贵金属催化剂、过渡金属基催化剂、碳基复合材料和金属-有机框架催化剂等。

(1)贵金属催化剂

对氧还原反应(ORR)来说,贵金属 Pt 是性能最佳的金属催化剂,这得益于 Pt 的电子结构在保证氧还原中间物种顺利吸附的同时,又不会因吸附能太大导致活性位点被占据而引发毒化。Whttingham 和 Norskov 等对大量金属催化氧还原反应的能力通过 d-带中心理论计算进行了预测,得出了金属单质氧还原火山型曲线。Pt 位于火山型曲线的顶点位置,其他在峰值附近具有较高催化活性的金属是 Pd、Ag、Ir 等(图 4-8)。早期的空气电极都是以纯铂黑为催化剂,铂负载量超过 $4mg \cdot cm^{-2}$,之后采用炭黑负载铂的技术使铂的负载量降低至 $0.5mg \cdot cm^{-2}$。由于铂的价格十分昂贵,难以实现大规模的应用,进一步降低铂的负载量以及开发其他高性能的廉价催化剂是制成实用化空气扩散电极的前提。

合金化调控贵金属电子结构，提升贵金属本征活性。金属材料的催化活性和金属的 d 轨道结构有密切的关系，通过合金化利用其他金属调控贵金属 Pt 的电子结构是有效提升 Pt 本征活性的方法。在相同的表面积下，铂合金催化剂具有比纯铂更高的催化活性。Stamenkovic 等制备了 Pt$_3$Ni 单晶电极，Pt$_3$Ni(111) 表面对 ORR 的活性比相应的 Pt(111) 表面高出 10 倍，比 Pt/C 催化剂活性高 90 倍[31]。Pt$_3$Ni 具有不

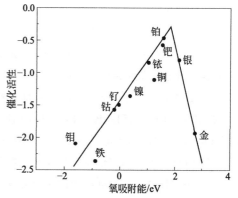

图 4-8　金属单质氧还原火山型曲线

同寻常的电子结构和表面原子在近表面区域的排列。它的近表面层在最外层和第三层（富 Pt）以及第二原子层（富 Ni）中表现出高度结构化的成分震荡。偏析驱动的近表面成分变化导致了 Pt-Ni 合金具有独特的电子性质，对具有相同表面原子密度和相同表面成分的 Pt$_3$Ni(111) 和 Pt(111) 晶面电子结构进行了对比，发现 Pt$_3$Ni(111) 的 d 带中心下移 0.34eV，使得 Pt$_3$Ni(111) 表面具有优异的 ORR 活性。

提高贵金属在催化剂表面的暴露比例，增强活性位点利用率。提高 Pt 在催化剂颗粒表面的分布数量，可以很大程度上提高 Pt 的利用率。笼状、中空或多孔的纳米结构可以减少体相内部非功能性贵金属原子的数量，并且它们不同寻常的几何形状具有不同的物理和化学特性。Chen 等[32] 开发了一类利用双金属纳米颗粒结构演化的新型电催化剂，PtNi$_3$ 实心多面体被转化为具有三维分子可及性的空心 Pt$_3$Ni 纳米框架，纳米结构由富 Ni 合金转变为富 Pt 合金，Pt$_3$Ni 纳米框架的比活性和开放结构之间的协同作用使得反应物能够进入内部和外部表面，提高了活性位点利用率。Pt$_3$Ni 纳米框架的开放结构实现了纳米级电催化剂的高比表面积、3D 表面分子可及性和贵金属的最佳使用。

单原子催化剂可将作为活性位点的金属原子充分稳定地分散，显著降低贵金属的用量。近年来，采用各种技术手段合成了许多单原子催化剂，使得 Pt 的利用率有希望实现最大化。Liu 等[33] 报道了以掺氮活性炭为载体，采用水热乙醇还原法制备了 Pt 负载量约为 5%（质量分数）的 Pt 基电催化剂。随后通过进一步高温热解，重构了 Pt 原子的配位结构，产生了氮锚定的 Pt 单原子。该催化剂具有出色的 ORR 稳定性。

（2）过渡金属基催化剂

贵金属催化剂的高成本、低稳定性和单一的催化性能使其应用前景受到了限制，采用非贵金属催化剂来代替贵金属是当前研究的热门方向。目前大部分双功能催化剂的研究成果均属于过渡金属化合物，该类催化剂具有优异的 ORR/OER 双功能活性，部分催化剂活性可以与贵金属基复合催化剂相媲美。代表性的过渡金属基催化剂可以分为单一金属氧化物、尖晶石型金属氧化物、钙钛矿型金属氧化物和过渡金属硫/硒化物等。

① 单一金属氧化物

在单一金属氧化物中，锰氧化物（MnO$_x$）是大家广泛研究的材料，其优势在于环境友好、成本低廉。在氧还原催化方面，Mao 等[34] 发现 MnO$_x$（Mn$_2$O$_3$、Mn$_3$O$_4$ 等）可以促进

HO_2^- 的歧化反应，有助于 O=O 键的断裂，促进 OH^- 的生成，避免了 H_2O_2 的产生与积累，实现了 O_2 向 OH^- 的转变[34]。此外，人们认为 MnO_x 在氧还原过程中还存在另外一种机理，MnO_x 中存在大量的 Mn^{III}/Mn^{IV} 氧化还原偶联离子对作为氧的受体和供体，使得 ORR 遵循四电子反应路径。在反应过程中，质子插入 MnO_x 中形成 MnOOH，然后两个中间产物 MnOOH 与氧气分子结合，从而生成 OH^-。

锰氧化物的形貌和晶体结构对其催化性能也有较大影响。Meng 等分别研究了 α-MnO_2、β-MnO_2、δ-MnO_2 和无定形 MnO_2（AMO）与其氧催化活性之间的作用关系，结果表明二氧化锰的 OER 和 ORR 催化性能高度依赖于晶体结构，遵循如下关系：α-MnO_2＞AMO＞β-MnO_2＞δ-MnO_2。α-MnO_2 相比于其他晶体结构的二氧化锰具有更高的活性，这是由于 α-MnO_2 是由 MnO_6 八面体组成的 [2×2] 隧道结构，相对于 [1×1] 隧道结构的 β-MnO_2 可以容纳更多的氧气分子[35]。Xu 等[36] 对 MnO_2 的晶体结构、形貌和电子排列进行了合理的设计，可控地合成了"绣球花"状 α-MnO_2 与碳纳米管协同的双功能杂化催化剂并对其稳定性衰减机制进行了研究。"绣球花"状的 MnO_2 与碳纳米管交织形成一个相互联系的网络，可以有效扩大电活性区域，提高催化剂的电导率，缩短离子扩散路径，提高催化活性。但是在长循环条件下，位于 MnO_6 八面体中不稳定的 Mn^{3+} 离子会导致 [2×2] 隧道结构向 [1×1] 隧道结构的 β-MnO_2 转变，使得氧分子容量下降，催化活性降低。

② 尖晶石型金属氧化物

尖晶石结构的混合价态过渡金属型氧化物比单一金属氧化物具有更灵活的结构调控能力和更好的电催化性能，在碱性电解液中具有较高的耐用性。其中，通过对尖晶石过渡金属氧化物组分和含量的合理改变可以实现对 OER 和 ORR 催化活性的调控。尖晶石氧化物根据其金属离子数量可分为一元（A_3O_4）、二元（$A_xB_{3-x}O_4$）和三元（$A_xB_yC_{3-x-y}O_4$）尖晶石型氧化物。

一元尖晶石型氧化物（A_3O_4）中，Co_3O_4 尖晶石型金属氧化物是研究最多的双功能氧催化材料。与锰氧化物类似，四氧化三钴中不同价态的钴离子可作为氧吸附的供体-受体，可以对氧气进行可逆的吸脱附，有利于提高氧催化性能。Co^{2+} 和 Co^{3+} 分别位于 Co_3O_4 尖晶石结构的四面体位置和八面体位置，与氧原子形成 Co—O 八面体的 Co^{3+} 可以有效加速 OER 反应动力学。Han 等[37] 提出了一种简便、快速可控合成负载不同晶面包裹 Co_3O_4 纳米结构的方法，通过调控优化 Co_3O_4 表面 Co^{2+} 和 Co^{3+} 活性位点的比例以及对氧的吸脱附行为，制备了具有优异双功能催化活性的 Co_3O_4 尖晶石结构催化剂。该团队提出了氨分子与钴离子的相对摩尔比是影响 Co_3O_4 成核、沿不同晶面择优生长的关键参数，随着氨水添加量不断增加，在氮掺杂石墨烯基底上分别获得了（001）、（001）＋（111）及（112）晶面构筑的 Co_3O_4 立方体、截角八面体及多面体纳米框架，暴露出了不同表面原子构型的 Co^{2+} 和 Co^{3+} 活性位点。（001）和（111）晶面仅包含四面体配位的 Co^{2+} 位点，没有八面体配位的 Co^{3+} 位点，而（112）晶面包含 Co^{2+} 和 Co^{3+} 位点，具有 Co^{3+} 的（112）晶面具有更高的催化活性。总的来说，暴露的晶面通过调节 Co 的催化活性位点、表面原子构型和氧化状态，影响 Co_3O_4 表面的氧电催化活性，Co^{3+} 活性位点以及 Co_3O_4 与氮掺杂石墨烯之间的电子耦合协同能够优化含氧物种在材料表面的吸脱附和活化行为，是材料展现高效电催化活性的内在原因。

二元尖晶石型氧化物（$A_xB_{3-x}O_4$）是采用不同种类的过渡金属离子对一元尖晶石型氧化物中的金属离子进行部分取代形成的，因此二元尖晶石型氧化物具有较多种类。例如，不同阳离子取代 Co_3O_4 中的 Co 离子形成二元尖晶石氧化物，可以有效调控催化剂组成，优化其晶体结构并获得优异的导电性。Cheng 等[38] 在室温下以 $NaBH_4$ 和 NaH_2PO_2 为还原剂制备了两种不同纳米结构的 $Co_xMn_{3-x}O_4$ 尖晶石催化剂，分别为四方晶系的 CoMnO-B 和立方晶系的 CoMnO-P。$Co_xMn_{3-x}O_4$ 的晶体结构取决于 Co/Mn 比，当 $1.9 \leqslant x \leqslant 3$ 时，一般为四方晶系，当 $0 < x \leqslant 1.3$ 时为立方晶系。密度泛函理论（DFT）计算表明，暴露在立方晶系中的（113）晶面比四方晶系的（121）晶面能形成更加稳定的中间体，有利于催化 ORR。特别是在相同比表面积下，（113）晶面比（121）晶面拥有更多的 ORR 活性位点，使得 CoMnO-P 具有更好的 ORR 催化活性。

三元尖晶石型氧化物（$A_xB_yC_{3-x-y}O_4$）中有三种不同的阳离子共存于晶体中，使该材料在维持催化剂本征结构的同时还保持优异的电催化活性，具有一定的挑战性。Koninck 等[39] 对 $Mn_xCu_{1-x}Co_2O_4$ 三元尖晶石催化剂进行了研究，发现 ORR 和 OER 的电催化活性强烈依赖于 $CuCo_2O_4$ 中 Mn 的含量。Mn 的加入使得 ORR 的表观和本征电催化活性呈相反的趋势，Cu 和 Mn 的同时存在不利于增加固有电荷密度，但有利于几何电荷密度的增加。$Mn_{0.6}Cu_{0.4}Co_2O_4$ 的 ORR 催化活性达到最高，每个氧分子的交换电子总数最高（约 4 个电子），在 ORR 过程中更遵循 4 电子反应路径。在 OER 电催化反应中固有的电催化活性取决于 Co^{3+} 在氧化物表面电化学形成的 Co^{4+} 活性位点的数量，当 Cu 被 Mn 部分取代时 Co^{4+} 活性位点数量减少，使得 OER 活性降低。目前来看三元尖晶石型氧化物的复杂性会使相关研究工作面临更大的挑战，但是深入研究这类催化剂中每个阳离子的作用以及相互作用规律，对提高该类催化剂的催化活性及应用具有重大意义。

③ 钙钛矿型金属氧化物

钙钛矿晶体结构的过渡金属氧化物（ABO_3）是不同于尖晶石结构的另一种常用双功能催化剂。A 一般为碱土金属或稀土金属（La、Pr、Ca、Sr、Ba），B 为过渡金属（Co、Fe、Mn、Ni）。离子半径大的碱土或稀土金属离子占据 A 位，周围有 12 个氧离子配位，A 与 O 形成最密堆积。过渡金属离子占据 B 位，周围有 6 个氧离子，氧离子又属于 8 个共角的 BO_6 八面体。其中，A 位和 B 位均可由其他碱土金属、稀土金属或者过渡金属部分替代，因此钙钛矿型氧化物的种类更加丰富。钙钛矿过渡金属氧化物的立方晶体结构随其组成的变化而变化，从而表现出不同的电化学活性。钙钛矿型催化剂的 ORR 和 OER 活性主要取决于过渡金属离子本征特性，不同过渡金属离子的引入会产生晶格缺陷，形成一定程度的氧空位从而产生更多的氧化还原偶联电子对，表现出优异的氧离子流动性以及交换动力学参数。钙钛矿双功能催化剂的活性位点通常被认为是 B 位点的阳离子，研究人员通过调控钙钛矿氧化物中阳离子种类和数量，改善其氧化还原偶联电子对、氧迁移率和导电性等本征物理特性，从而得到不同催化活性的双功能催化剂。

钙钛矿氧化物有 $LaMnO_3$、$BaTiO_3$ 和 $LaFeO_3$ 等。Chen 等[40] 在制备过程中通过不同的热处理温度调控氧化物结构以及氧含量，制造不同程度的氧空穴，从而提高双功能催化剂的反应活性以及本征动力学参数。其采用溶胶-凝胶法在 1300℃ 条件下制备了具有氧空穴的 $BaTiO_{3-x}$ 催化剂（h-$BaTiO_{3-x}$）。h-$BaTiO_{3-x}$ 中有部分氧位点被取代形成氧缺陷，丰富的氧缺陷使其具有优越的双功能催化活性。研究表明 h-$BaTiO_{3-x}$ 实际组成为 $BaTiO_{2.76}$，其丰富的氧缺陷促进了电化学过程中电荷转移以及反应物吸附等过程。Zhu 等[41] 报道了一种简单有效的方法，在 $LaFeO_3$ 钙钛矿结构中引入 A 位阳离子缺陷来提高碱性溶液中的 ORR 和 OER 活性，在钙钛矿晶格中引入 A 位阳离子缺陷可以改变其物理和化学性质。A 位阳离子缺陷所产生的额外氧空位可以促进氧离子的运输，从而提高 ORR 活性，并且氧化物中适当的氧空位也可以增强 OER 的电催化活性。实验结果表明，A 位阳离子缺陷的 $La_{1-x}FeO_{3-\delta}$ 钙钛矿表面氧空位（O_2^{2-}/O^-）对 ORR 和 OER 活性的增强起主导作用。此外有研究表明，$e_g=1$ 电子构型的钙钛矿氧化物在碱性溶液中具有较高的 ORR 和 OER 活性。在 A 位阳离子缺失的 $La_{1-x}FeO_{3-\delta}$ 中出现了额外的 Fe^{4+}，Fe^{4+} 在钙钛矿中基本处于高自旋状态，Fe^{4+}（$t_{2g}^3e_g^1$）是提高 ORR 和 OER 活性的另一因素。

④ 过渡金属硫/硒化物

过渡金属硫化物具有良好的稳定性和导电性，是一种优异的 ORR 和 OER 双功能催化剂。Shi 等采用水热法制备了 NiS、Ni_3S_4 和 NiS_2 纳米球，其中，表面负极 Ni^{3+} 的黄铁矿型 NiS_2 催化剂具有最佳的电催化性能，其 ORR 半波电位和 OER 过电位分别为 0.80V 和 241mV，具有良好的双功能活性。分析表明八面体配位的 Ni^{3+} 活性中心、大的比表面积和层次结构的协同作用是获得双功能电催化活性的原因。Zheng 等[42] 采用连续离子注入的方法合成了不同界面密度的 $NiSe_2/CoSe_2$ 异质结构，致密界面的过渡金属硒化物在碱性电解质中具有优越的电催化性能。原子级界面的引入可以降低双金属 Ni 和 Co 活性中心的氧化过电位，并诱导核心硒化物和表面原位生成的氧化物/氢氧化物之间的电子相互作用，在协同降低能量势垒和加速反应动力学以催化氧析出方面起到关键作用。通过过渡金属硒化物异质结面的构建提高金属原子的本征反应活性和增强硒化物与表面氧化物之间的协同作用，促进了催化性能的提高。

（3）碳基材料催化剂

碳基材料，如碳纳米管（CNTs）、石墨烯/氧化石墨烯（GO）/还原氧化石墨烯（rGO）、氮化石墨（g-C_3N_4）及其杂化材料等已被证明能够促进 ORR/OER 的电子转移和质量扩散。碳基材料具有成本低、稳定性好、比表面积大、导电率高、物理和化学性质可调等优点，并且可以通过杂原子掺杂、缺陷工程或与其他材料复合以调控电子结构，从而提高催化性能。

杂原子掺杂调控电子结构和电荷密度分布，增强 ORR 和 OER 电催化活性。在碳基材料中引入 N、B、O、S、P 等杂原子可以有效调节相邻碳原子的局部电子结构和电荷密度分布，增强碳纳米材料的电催化活性。在探索高效双功能催化剂的过程中，氮掺杂碳是研究广泛的材料之一。Yang 等[43] 制备了一种无金属三维氮掺杂石墨烯纳米材料，独特的 3D 纳米结构提供了高密度的 ORR 和 OER 活性位点，促进了电解质和电子的传输，具有优异的双功能电催化活性。采用 DFT 计算对其活性位点进行了研究，氮掺杂碳的氧催化活性主要来自提供电子的四价氮 quaternary-N（N 型掺杂）和吸电子的吡啶氮（P 型掺杂），N 掺杂诱导 π 共轭体系中的电荷重分布，相邻的 C 原子降低了 ORR 或 OER 能垒。四价氮通过向碳环的 π 共轭体系提供电子，降低了中间体 *OOH 的吸附能，增强了 ORR 活性。吸电子的吡啶氮（P 型掺杂）促进了水氧化中间体的吸附，从而提高了 OER 活性。除氮外，其他杂原子（如

B、P、O、S）也被掺杂到碳基体中，改变杂原子掺杂剂周围的电子和电荷分布，从而提高电催化活性。Zheng 等[44] 采用一步热解的方法从盐中合成了 N、P 和 S 同时掺杂的类石墨烯碳（NPS-G）。通过 DFT 计算了 ORR 中间物种 *OOH、*O 和 *OH 在 NP-G、NPS-G 和 Pt(111) 晶面上的吸附能，对 S 掺杂提高 NPS-G 氧还原催化活性的原因进行了分析。与 Pt(111) 晶面相比，NP-G 对 ORR 中间产物的吸附能较弱，*OOH 基团空间位阻大，吸附不牢固，*OOH 迁移到 P 掺杂剂附近的碳活性位点上，使得 ORR 在该位点上的活性较低。由于 S 原子的掺杂，NPS-G 的 P 位点上的吸附能力显著增强，更接近于 Pt(111) 晶面的吸附能。此外，掺杂的 S 对于 ORR 中间体具有一定的吸附能力，因此 S 也可以被认为是活性位点之一。总的来说，N、P 和 S 的掺杂使得催化剂对 *OOH、*O 和 *OH 的化学吸附增强，降低了电荷转移阻抗，促进了 ORR 活性。并且多孔的二维结构也有利于增加活性位点密度，提高质量传输速率。这种无金属催化剂具有优异的 ORR 性能，半波电位为 0.857V，与贵金属 Pt 催化剂相当。

缺陷工程调控电子环境，开发双功能活性位点，增强 ORR 和 OER 催化活性。缺陷调控手段可以赋予碳基材料不同位置上缺电子或电荷补偿的环境，提供丰富的双功能活性位点。通过制造异质或边缘结构、合成碳复合材料、掺杂杂原子、去除原子以及制备金属杂化材料等途径可以产生缺陷（五元环、七元环、孔洞、锯齿形、扶手椅边缺陷和拓扑缺陷等）。这些缺陷可以改变 sp² 碳平面的电荷或自旋分布，增强对反应中间体的化学吸附，加速电子转移，有利于电催化过程。据报道 Tang 等制备了一种具有优异的 ORR 和 OER 性能的氮原子掺杂、富边缘石墨烯网状材料（NGM），并研究了氮掺杂和边缘缺陷的影响。通过第一性原理模拟，阐明了优异性能的潜在机制。结果表明，杂原子掺杂和边缘诱导的拓扑缺陷重新分布了局域电子密度，对反应中间体提供了更强的亲和力，使得 NGM 具有优异的 ORR 活性。边缘缺陷和拓扑缺陷在无金属纳米碳氧电催化材料的活性中起着至关重要的作用。

构筑碳载体与金属催化剂组分间的协同效应，增强 ORR 和 OER 催化活性。通过对碳载体的改性可以赋予金属催化剂组分不同的配位环境，促进金属的高效利用。活性颗粒催化剂与碳载体的密切接触可以产生协同效应，金属颗粒向碳层电子转移产生的活性位点得到极大丰富。对金属-载体相互作用的研究有利于以经济有效的方式调节碳载体来改善金属催化剂的性能。N 掺杂碳杂化催化剂与金属组分（金属纳米颗粒、金属氧化物、金属硫化物、金属磷酸盐等）已被广泛报道，表明金属组分与碳或氮之间产生了很强的相互作用。具体催化性能的提升效果随碳材料结构的不同也会产生变化。Wang 等[45] 开发了一种具有骨架-活性位点结构的双功能氧电催化剂的简单结构，即包裹在 3D 氮掺杂石墨烯中的 Fe/Fe$_3$C@C(Fe@C) 纳米粒子和竹节状碳纳米管（Fe@C-NG/NCNTs）。Fe@C 结构在碳表面提供了额外的电子，促进了相邻 Fe-N$_x$ 活性位点上的氧还原反应（ORR）。3D 氮掺杂石墨烯与竹节状碳纳米管框架的杂化有利于反应物的快速扩散和快速电子转移。优化后的样品具有良好的 ORR 和 OER 活性，电位差仅为 0.84V。

利用碳材料制备单原子催化剂，提高原子利用率，借助单原子独特的电子结构和优异的催化性能，增强 ORR 和 OER 催化活性。金属有机骨架（MOFs）是一类结晶多孔材料，具有丰富的孔道结构、出色的可设计性和可调节的功能性，被认为是基于金属氮碳（MNC）的 ORR 电催化剂的模板，是合成单原子催化剂的热门材料。单原子催化剂（SACs）作为一种原子尺度的催化剂，具有极高的原子利用率、独特的电子结构和优异的电催化活性[46]。Han 等[47] 通过精确调节双金属 ZnCo-ZIFs 前驱体中锌的掺杂量，实现了钴原子在原子水平上的空间分隔。在氮掺杂碳基底上制备出了不同钴原子聚集的钴基催化剂：钴纳米颗粒、钴原子簇和钴单原子，此策略使得对过渡金属催化剂尺寸效应的研究到达单原子尺度。研究表明，单原子钴较高的化学活性、与基底中的 N 配位保证了其稳定性、碳基底优良的导电性和丰富的孔结构、大的比表面积是该材料性能优异的主要原因。这项工作为通过空间分隔效应调控颗粒尺寸提供了参考，对深入理解纳米催化剂尺寸-性能关系具有借鉴作用。此外，在单原子催化剂合成过程中将异质原子（S、P、B）引入碳基体，可以对 M-N$_x$ 活性位点中部分氮原子进行替代。异质原子的引入可以打破常规活性位点的电子结构，有效增强单原子催化剂的催化性能。

总而言之，对贵金属材料、过渡金属材料和碳基材料的研究为空气电极的合理设计提供了丰富的解决方案。但是锌空气电池实现大规模实用化仍然存在巨大的挑战，突破锌空气电池的技术瓶颈无疑会掀起新一轮的能源革命，无论国家还是国内企业，不仅要时刻关注国际上对锌空气电池研发的前沿动态，又要抓紧攻关、加快自主研发，迅速实现其产业化发展。

4.2.2 锌碘/硫电池及正极材料

4.2.2.1 锌碘/硫电池工作原理

2014 年，美国能源部西北太平洋国家实验室（Pacific Northwest National Lab）的研究员李彬团队首次提出了水系锌碘液流电池的概念，该电池的能量密度是传统全钒液流电池的 5 倍以上。为了保证电解液的可流动性，在充电的过程中对阴极电解液中的碘离子（I⁻）加以控制，只变成可溶于水的 I_3^-，避免过度充电生成微溶的碘单质（I$_2$）沉积在电极上降低电池的性能。因此，锌碘液流电池阴极的碘利用率只有 2/3，而且为了避免自放电，电池中间必需设置一张阳离子交换膜[48]。

之后，该团队受锂硫电池的启发，提出了一种静态水系锌碘电池，但在电池中没有采用离子交换膜避免自放电，而且在充电的过程中保证最终的产物是碘单质。由于可溶多碘化合物在水介质中的扩散特性，固体碘利用率低，自放电现象严重，使得水系锌碘电池使用寿命有限，阻碍了其进一步发展。在水系电解液中，碘化物阴极涉及碘三化物/碘化物之间的可逆两电子氧化还原反应[49,50]。多碘化物跨浓度梯度的穿梭将导致活性物质损失，使得容量下降，库仑效率降低。

相对于标准氢电极（SHE），I$_2$/I⁻ 氧化还原反应的标准电极电势为 0.62V，是二电子转移过程。I$_2$/I⁻ 氧化还原反应通常通过形成 I_3^- 的两个步骤进行：

$$I_2 + 2e^- \rightleftharpoons 2I^-, E^0 = 0.62\text{V vs. SHE} \tag{4-62}$$

$$I_2 + \frac{2}{3}e^- \rightleftharpoons \frac{2}{3}I_3^- \tag{4-63}$$

$$I_3^- + 2e^- \rightleftharpoons 3I^- \tag{4-64}$$

在水系电解液中，金属锌发生基于 Zn^{2+}/Zn 氧化还原对的氧化还原反应。Zn^{2+}/Zn 氧化还原标准电极电势为 -0.76V vs. SHE，具有 2e⁻ 转移，电化学方程式为：

$$Zn \rightleftharpoons Zn^{2+} + 2e^-, E^0 = -0.76\text{V vs. SHE} \tag{4-65}$$

锌碘电池总反应为：

$$I_3^- + Zn \Longrightarrow Zn^{2+} + 3I^- \tag{4-66}$$

基于金属 Zn 和 I_2 的电化学特性，锌碘电池可提供 1.38V 理论电压。硫正极在锂硫电池、钠硫电池、镁硫电池、铝硫电池等各种系统中都得到了广泛的研究。但是锌硫电池一直没有被报道。基于以上现状，香港城市大学支春义团队对锌硫电池进行了研究。开发了第一个可靠的锌/多硫化物水系电池。被"液膜"激活的 Zn/S 电池在 $0.3A \cdot g^{-1}$ 电流密度下可提供 $1148mA \cdot h \cdot mg^{-1}$ 的容量和 $724.7W \cdot h \cdot kg^{-1}$ 的能量密度。"液膜"的作用主要依赖于离子液体（IL）中 CF_3SO^{3-} 阴离子作为 Zn^{2+} 的转移通道，以及 PEDOT：PSS 网络保留 IL 并增强了 Zn^{2+} 转移通道和多硫化物正极的结构稳定性。该液膜赋予硫电极高导电性、良好的电解质浸润性和电化学稳定性。这种简便的方法和开发的 Zn/S 化学为解决金属硫化物电池电解质不相容问题提供了有效的策略，为锌离子电池发展提供了新的机遇。

此后，华中科技大学蒋凯团队提出了一种基于硫-碳纳米管复合材料转换式正极的低成本、高能量密度水系锌硫电池[51]。在近中性的锌基水溶液体系中，硫电极表现出较高的容量和较低的极化。进一步研究，通过添加碘作为氧化还原媒介和提高反应温度，硫电极的活性进一步提高，可逆容量和极化过程得到显著改善。

不含添加剂情况下，阴极反应机理如下，

放电过程：

$$S + Zn^{2+} + 2e^- \longrightarrow ZnS \tag{4-67}$$

充电过程：

$$ZnS \longrightarrow S + Zn^{2+} + 2e^- \tag{4-68}$$

$$2ZnS + 4H_2O \longrightarrow 2Zn^{2+} + SO_4^{2-} + S + 8H^+ + 10e^- \tag{4-69}$$

添加碘添加剂后，阴极可能存在的反应机理如下，

放电过程：

$$S + Zn^{2+} + I_2 + 4e^- \longrightarrow ZnS + 2I^- \tag{4-70}$$

$$I^- + I_2 \longrightarrow I_3^- \tag{4-71}$$

充电过程：

$$ZnS + I_3^- \longrightarrow Zn^{2+} + \frac{3}{2}I_2 + S + 3e^- \tag{4-72}$$

$$2ZnS + 4H_2O + I_3^- \longrightarrow 2Zn^{2+} + \frac{3}{2}I_2 + SO_4^{2-} + S + 8H^+ + 11e^- \tag{4-73}$$

4.2.2.2 锌碘电池正极材料发展前沿

在锌碘电池中，大多数研究都使用惰性碳基材料固定 I_2，以利用其高电导率、高孔隙率和高比表面积。虽然这些多孔碳可以将 I_2 限制在阴极，但混乱的孔结构会导致 I_2 利用率不足和离子扩散缓慢。为了提高 I_2 电池的利用率、倍率性能以及循环稳定性，可以提高 I_2/I^- 转化反应动力学，将 I_2 和 I^- 两者紧密地锚定在阴极，避免多碘化物的穿梭效应。普鲁士蓝类似物（PBA）具有足够的孔隙率，连续且有序的微孔通道，并且其有机配体上含有过渡金属位点，具有一定的电化学催化功能，有望作为 I_2 活性物质宿主。PBA 较小的交联孔径和 I_2 与 PBA 之间的强化学相互作用将促进电子/离子传输，有利于 I_2 的利用并提高对多碘化

物的限制能力，从而获得最大的容量。更重要的是，固定在有机配体上的过渡金属位点可以有效降低碘还原的能垒，提高 I_2/I^- 的转化动力学，提高 I_2 到 I^- 的转化效率。PBA 框架的特性可以显著改善锌碘电池的电化学性能，但是在 PBA 框架中碘还原的基本电催化动力学尚未得到探索，并且没有应用于锌碘电池以解决动力学缓慢的问题。

香港城市大学支春义团队对此进行了研究，开发了一类具有有序和连续通道的普鲁士蓝类似物（PBA）宿主。Co 和 Fe 过渡金属的电催化作用，有利于提高 I_2 的还原转化动力学（IRR）。与惰性多孔碳（$1.92kJ \cdot mol^{-1}$，$214.35mV \cdot dec^{-1}$）相比，$Co[Co_{1/4}Fe_{3/4}(CN)_6]$ 的 IRR 表现出明显更低的能垒（$0.47kJ \cdot mol^{-1}$）和更低的 Tafel 斜率（$76.74mV \cdot dec^{-1}$）。$Co[Co_{1/4}Fe_{3/4}(CN)_6]$ 组成的锌碘电池在 $0.1A \cdot g^{-1}$ 电流密度时可提供 $236.8mA \cdot h \cdot g^{-1}$ 的容量，甚至在 $20A \cdot g^{-1}$ 下，仍具有 $151.4mA \cdot h \cdot g^{-1}$ 的容量。该电池可提供 $305.5W \cdot h \cdot kg^{-1}$ 和 $109.1kW \cdot kg^{-1}$ 的高能量密度和高功率密度，比以往报道的锌碘电池甚至大多数锌离子电池都高。此外，固态柔性锌碘电池被集成到包括帽子和 T 恤衫的服装面料中，为便携式电子设备供电。制备的 $100mA \cdot h$ 高容量固态锌碘电池，在 400 次循环后，其仍然可以保持 81.2% 的容量。

总的来说，该团队采用高效的卤素间化合物限制策略和简便的电解液调控方法合理设计了新型多电子转化的锌碘电池。这种高性能锌碘电池实现了二电子转移，展现出优异的电化学性能。电池的输出电压、容量以及能量密度均得到大幅度的优化。MXene 基体凭借自身优异的物化特性以及独特的二维结构保证了充足且高效的电子供应。其自身与卤素间天然的亲和力和纳米层对反应过程中生成的多碘化物起到的限域作用，限制了多碘化物的穿梭，提升了电池的循环性能。

4.3 基于插层反应的锌基电池体系

4.3.1 锌离子电池工作原理

近年来，锌离子电池因其高能量密度、高功率密度、低成本、环境友好、安全性高等优点逐渐走进人们视野，在便携电子设备和大规模储能方面都具有良好的发展前景[52]。

锌离子电池的概念产生于 2011 年，Kang 等发现在含有 Zn^{2+} 的水溶液中，锌能够快速地以 Zn^{2+} 的形式电化学溶解并可逆沉积，容量可达到 $820mA \cdot h \cdot g^{-1}$。该团队将含有 Zn^{2+} 的水溶液作为电解液，以锌片为负极，MnO_2 为正极材料，制成了一种新的可充电电池。在放电过程中，负极锌以 Zn^{2+} 的形式溶解，Zn^{2+} 迅速扩散并嵌入到 $\alpha\text{-}MnO_2$ 正极中，在电回路中产生电子电流。由于电荷存储机制基于 Zn^{2+} 在正极和负极之间的迁移，因此将这种电池称之为锌离子电池（ZIB）。此后，人们对水系锌离子体系进行了大量的研究。

水系锌离子电池主要涉及三种反应：Zn^{2+} 的嵌入/脱出[53]、H^+ 和 Zn^{2+} 的共嵌入/脱出和化学转化反应[54]。下面以 MnO_2 材料为例进行详细介绍。

① Zn^{2+} 的嵌入/脱出机理。Zn^{2+} 在金属锌的表面上沉积和溶解，在正极结构中进行嵌入和脱出来充放电：充电时，锌离子从 MnO_2 的隧道结构中脱出，移动到负极周围，得到电子

并沉积在锌电极表面；放电时，锌失去电子变成 Zn^{2+} 嵌入 MnO_2 结构中。

$$MnO_2 + xZn^{2+} + 2xe^- \Longleftrightarrow Zn_xMnO_2 \tag{4-74}$$

② H^+ 和 Zn^{2+} 的共嵌入/脱出。$\alpha\text{-}MnO_2$ 为正极材料的锌离子电池，在放电过程中具有两个明显的平台，表明放电时存在两种不同类型的离子插入。其中，Zn^{2+} 尺寸较大并且与宿主结构具有强烈的相互作用，Zn^{2+} 插入过程较慢，具有较大的过电位。H^+ 尺寸较小，可以在 MnO_2 中快速插入，具有较小的过电位。H^+ 和 Zn^{2+} 的共同插层机制有助于提高水系锌离子电池可逆放电容量和能量密度。H^+ 插层具有快速扩散动力学是 MnO_2 正极材料高倍率性能的本质原因。

$$MnO_2 + 0.45H_2O + 0.075ZnSO_4 + 0.3Zn \Longleftrightarrow MnO_2Zn_{0.225}H_{0.45} + 0.075Zn_2(OH)_6SO_4 \tag{4-75}$$

③ 化学转化反应。与大多数情况下可逆的离子嵌入/脱出机理不同，MnO_2 与 $MnOOH$ 之间存在高度可逆的化学转化反应。水分解产生的 H^+，在电池放电时与 MnO_2 反应，生成 $MnOOH$[55]。为了使电解液保持中性，同时生成的 OH^- 与 $ZnSO_4$ 发生反应，生成片状 $ZnSO_4[Zn(OH)_2]_3 \cdot xH_2O$。

$$MnO_2 + H^+ + e^- \Longleftrightarrow MnOOH \tag{4-76}$$

$$1/2Zn^{2+} + OH^- + 1/6ZnSO_4 + x/6H_2O \Longleftrightarrow 1/6ZnSO_4[Zn(OH)_2]_3 \cdot xH_2O \tag{4-77}$$

总而言之，目前正极材料中，锰基化合物具有高放电容量和比能量，但是存在锰溶解和倍率性能欠缺等问题；钒基化合物具有高比功率、良好的倍率性能和循环特性，但放电电压过低；普鲁士蓝类似物具有较高的放电电压，但放电比容量较低。现阶段的正极材料均存在一些问题，开发出有利于 Zn^{2+} 快速嵌入/脱出或加快转化反应速率的高性能正极材料具有重要意义。

4.3.2 锌离子电池钒基正极材料

钒基化合物具有理论容量大、资源丰富和成本低等优点。钒是一个多价态的过渡金属元素，其核外电子结构为 $3d^3 4s^2$，具有 V^{2+}、V^{3+}、V^{4+}、V^{5+} 四种不同的氧化态，作为多价电池的正极材料引起了广泛的关注。钒的多种氧化态和易变形的 $[VO_x]$ 多面体产生了多种不同组成和结构框架的钒基化合物。常见的钒基化合物有钒基氧化物、钒基硫化物和钒基磷酸盐，它们具有多种开放式结构，有利于离子的嵌入和脱出。近年来，V_2O_5、VO_2、VS_2、$Na_3V_2(PO_4)_3$、$Na_3V_2(PO_4)_2F_3$ 等钒基材料被广泛用于水系锌离子电池，展现出了较高的储锌性能。V_2O_5、VO_2、VS_2 具有层状结构和较大的层间距，通过对层间距的调节可以获得储锌性能优异的正极材料。$Na_3V_2(PO_4)_3$、$Na_3V_2(PO_4)_2F_3$ 是钠超导离子体（NASICON）代表性材料，晶体结构是由 $[VO_6]$ 八面体和 $[PO_4]$ 四面体通过 O/F 桥接，堆积成独特的三维隧道结构。PO_4^{2-} 和 F^- 具有较强的诱导效应，提升了晶体结构的稳定性和工作电压，有利于锌离子的传输和存储。

4.3.2.1 钒氧化合物正极材料

（1）V_2O_5 单相正极材料

五氧化二钒（V_2O_5）是一种典型的层状钒基化合物，V 原子和 O 原子构成 $[VO_5]$ 四方棱锥，通过共顶点或共边方式形成层状结构。相邻层间通过范德华力连接，层间距约为

0.58nm，远大于锌离子半径 0.075nm，有利于锌离子在 V_2O_5 层间扩散。在充放电过程中，V_2O_5 发生 V^{5+}/V^{3+} 二电子氧化还原反应，可以提供 $589mA \cdot h \cdot g^{-1}$ 的理论容量。V_2O_5 材料在储锌过程中存在两个明显的充放电平台：放电时，Zn^{2+} 嵌入到 V_2O_5，V^{5+} 被还原为 V^{4+}，对应于 0.8V 的电压平台。随着锌离子的继续嵌入，部分 V^{4+} 被还原为 V^{3+}，对应于 0.4V 的电压平台。充电时，发生锌离子的脱出反应，V^{3+} 被氧化为 V^{4+} 或 V^{5+}[56]。

为了进一步探究 V_2O_5 正极材料在水系锌离子电池充放电过程中的反应机理，将 V_2O_5 材料在 $Zn(CF_3SO_3)_2$ 电解液中组成的锌离子电池进行了充放电实验（图 4-9）。研究发现，在充放电过程中，水合锌离子可以在层状 V_2O_5 中可逆地嵌入/脱出。共插层的水分子可以有效屏蔽 Zn^{2+} 与宿主阴离子之间的静电作用，增强反应动力学。V_2O_5 在循环过程中也会逐渐演变为多孔纳米片，为 Zn^{2+} 的存储提供了更多的活性位点，使得电池容量增加。并且 V_2O_5 正极具有赝电容性，可以协同加速电子和离子的质量扩散，缓冲 Zn^{2+} 扩散过程中产生的应力，使活性材料得到充分的利用[57]。

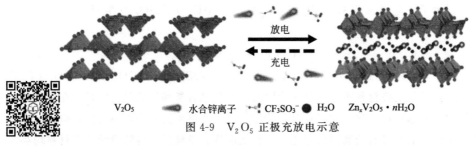

图 4-9　V_2O_5 正极充放电示意

（2）$V_2O_5 \cdot nH_2O$ 正极材料

不同于上述具有典型层状结构的 V_2O_5 材料，$V_2O_5 \cdot nH_2O$ 由两个 ［VO_6］ 八面体构成，呈现特殊的双层结构[58]。水分子通常处于两层中间，可作为支柱，提供更大的内层间距（>1.0nm）。同时，水分子的存在可以减少 Zn^{2+} 离子的有效电荷，有利于锌离子的脱嵌。

为了研究 H_2O 分子在 Zn^{2+} 嵌入和脱出过程中的作用。设计合成了一种 $V_2O_5 \cdot nH_2O$/石墨烯材料（VOG）（图 4-10），将其组装成水系锌离子电池进行研究。VOG 中水分子的含量 $n=1.29$。之后将该材料进行退火，得到不含结构水的 VOG（即 VOG-350）。对这两种正极材料进行电化学测试，VOG 比 VOG-350 具有更优异的倍率性能和循环稳定性。此外，在放电过程中，随着 Zn^{2+} 的嵌入，VOG 的层间距从 1.04nm 增加至 1.35nm。这种现象可归因于 H_2O 分子的溶剂化作用使得 Zn^{2+} 的有效电荷数降低，从而与 V_2O_5 结构中 O^{2-} 的静电相互作用减弱，使得层间距离增加，表现出更快的动力学性能和更优异的倍率性能。

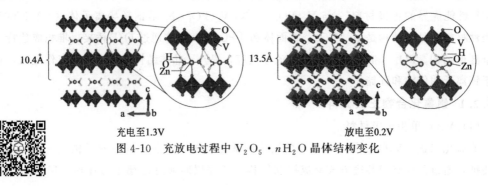

图 4-10　充放电过程中 $V_2O_5 \cdot nH_2O$ 晶体结构变化

（3）$M_xV_2O_5$ 正极材料

$M_xV_2O_5$ 材料是在 V_2O_5 层间预先插入金属离子得到的。在 V_2O_5 层间插入金属离子可以扩大层间距，稳定 V_2O_5 骨架，提高其结构性能和电化学性能。目前，研究人员已经设计了将许多不同种类的金属离子（碱金属离子 Li^+、Na^+、K^+，碱土金属离子 Ca^{2+}、Mg^{2+}，过渡金属离子 Ag^+、Zn^{2+} 等）插入 V_2O_5 层间，合成了一大批结构独特、性能优异的钒酸盐类衍生物。对钒酸盐类衍生物进行研究发现，预先嵌入的金属离子可以作为支柱，扩大层间距，提高材料的结构稳定性，实现充放电过程中 Zn^{2+} 快速地嵌入和脱出。但是，这些预先嵌入的金属离子可能导致 V_2O_5 初始结构发生变化，大量金属离子的插入会使其反应机理发生改变。人们对具有较大层间距的多孔 $Mg_{0.34}V_2O_5 \cdot nH_2O$（MVO）纳米带进行了研究，该正极材料具有高度可逆和高度稳定的特点[59]。Zn/MVO 水系锌离子电池体系在充放电过程中遵循了置换/插层反应机理。与经典的插层/脱插层存储机制不同，置换/插层反应机制可以使更多的 Zn^{2+} 在两个不同的位点插入宿主结构。为了对置换/插层反应机制进行研究，对不同放电状态下的电极材料进行了表征。将循环一个周期的 MVO 电极充电至 1.8V 后，电极材料中 Mg 含量较低并且出现了大量的 Zn。在第一个循环后，大部分 Mg^{2+} 被 Zn^{2+} 置换插层，形成了 $Zn_{0.3}Mg_xV_2O_5$。通过第三个充放电循环对 $Zn_{0.3}Mg_xV_2O_5$ 的插入脱嵌机理进行了研究。Zn^{2+} 插层 MVO 的层间距约为 13.2Å（$1Å = 10^{-10}$ m），而 $V_2O_5 \cdot 0.5H_2O$ 的层间距为 8.75Å，水化 Zn^{2+} 的半径约为 4.3Å，未水化 Zn^{2+} 的半径约为 0.7Å，表明 Zn^{2+} 可能以水分子的配合物的形式存在。水基屏蔽层降低了 Zn^{2+} 的有效电荷，增加了 Zn^{2+} 与 MVO 层相邻氧离子之间的距离，静电结合强度降低，使其具有高扩散系数。基于以上发现，提出了如下的锌离子储存机理。

首次充放电阴极反应，

放电：

$$Mg_{0.34}V_2O_5 + yZn^{2+} + 2ye^- \longrightarrow Zn_yMg_{0.34}V_2O_5 \tag{4-78}$$

充电：

$$Zn_yMg_{0.34}V_2O_5 \longrightarrow Zn_{0.3}Mg_xV_2O_5 + (y-0.3)Zn^{2+} + (0.34-x)Mg^{2+} + (2y-2x+0.08)e^- \tag{4-79}$$

随后的循环过程阴极反应：

$$Zn_{0.3}Mg_xV_2O_5 + zZn^{2+} + \delta Mg^{2+} + 2(z+\delta)e^- \rightleftharpoons Zn_{(0.3+z)}Mg_{(x+\delta)}V_2O_5 \tag{4-80}$$

锌阳极反应：

$$zZn + \delta Mg \rightleftharpoons zZn^{2+} + \delta Mg^{2+} + 2(z+\delta)e^- \tag{4-81}$$

总反应：

$$Zn_{0.3}Mg_xV_2O_5 + zZn + \delta Mg \rightleftharpoons Zn_{(0.3+z)}Mg_{(x+\delta)}V_2O_5 \tag{4-82}$$

在过渡金属阳离子的插入中，Kundu 等[60] 首次将 $Zn_{0.25}V_2O_5 \cdot H_2O$ 作为 Zn^{2+} 存储正极材料进行了报道。$Zn_{0.25}V_2O_5 \cdot H_2O$ 具有二维的 V_2O_5 双分子层，中间含有 Zn^{2+} 和结构水。将其组装成锌离子电池进行测试，在 $1mol \cdot L^{-1}$ $ZnSO_4$ 电解质中，$300mA \cdot g^{-1}$ 电流密度下，可逆容量为 $282mA \cdot h \cdot g^{-1}$；在 $2.4A \cdot g^{-1}$ 电流密度下循环 1000 次，容量保持率可以达到 81%。

（4）VO_2 正极材料

VO_2 存在多种不同的晶型，主要包括热力学稳定的金红石型 $VO_2(R)$、单斜晶型 $VO_2(M)$

和亚稳态的四方晶型 $VO_2(A)$，其中，单斜晶型有 $VO_2(B)$、$VO_2(C)$、$VO_2(D)$。$VO_2(R)$ 和 $VO_2(M)$ 的金属－绝缘体转化温度接近室温，该材料在电子和光学方面的应用比较广泛。亚稳态的单斜晶型 $VO_2(B)$ 具有开放的骨架结构，可以用来作锌离子电池正极材料。

$VO_2(B)$ 型晶体由 $[VO_6]$ 八面体的基本单元共边连接得到，具有非常完整的隧道结构，该晶体沿着 b 轴和 c 轴方向存在 $5.2Å×8.2Å$ 大小的隧道，可以提供锌离子的嵌入和脱出路径。2018 年，Park 等[61] 最早提出采用 $VO_2(B)$ 作为水系锌离子电池的正极材料，采用 DFT 计算证实了其可行性。在 $VO_2(B)$ 材料中，锌离子有四个可以嵌入的位点，分别为 Zn_C、Zn_{A1}、Zn_{A2}、$Zn_{C'}$。其中 Zn_{A2} 是最佳的储锌位点，锌离子在该位点中扩散所需要的活化能约为 586meV，锌离子能够容易地迁移到 $VO_2(B)$ 晶体结构中。在锌离子嵌入脱出过程中，形成 $Zn_xVO_2(B)$（$0 \leqslant x \leqslant 0.5$）相。此外，与 V_2O_5 相似，结构中如果存在水分子，也可以拓展 $VO_2(B)$ 的内部空间，加快 Zn^{2+} 的传输速率，提高水系锌离子电池的电化学性能。

4.3.2.2 金属钒酸盐基正极材料

金属钒酸盐主要为 $M_xV_3O_8$（M＝H、Li、Na、K），由 $[VO_5]$ 和 $[VO_6]$ 基本单元体连接形成层，层间被 M 离子占据并通过离子键连接，具有单斜层状结构，有较强的结构稳定性和较高的储锌性能。以层状 LiV_3O_8（LVO）为例，在放电初始阶段，Zn 会占据部分 Li 的位置形成 $ZnLiV_3O_8$，进一步放电 $ZnLiV_3O_8$ 形成可逆固溶体 $Zn_yLiV_3O_8$（$y>1$）相[62]。人们对锌插层过程中的相演化进行了研究，在放电时，（100）衍射峰的 2θ 位置的位移速率会发生变化。在 $1.28\sim0.82V$ 初始放电区域，（100）衍射峰会出现较小的 2θ 偏移。在 $0.81\sim0.7V$ 放电区间内，会出现宽的 2θ 偏移，并伴有（100）衍射峰的分裂。这一趋势与通常的两相反应不同，单相区域呈现固溶行为，代表两个连续的两相反应的形成，相应的放电循环响应呈现逐渐倾斜的电位曲线，表明锌插层过程中存在大量的单相区域（single-phase domain）。在放电初始阶段，Zn 占据部分 Li 的位置形成 $ZnLiV_3O_8$，进一步放电 Zn^{2+} 发生插层反应，形成可逆固溶体 $Zn_yLiV_3O_8$（$y>1$）相。并且在反应过程中，伴随 Zn 的嵌入和脱出存在 V^{5+} 和 V^{4+} 氧化态之间的转变，钒以多种氧化态存在并维持电荷补偿使这种层状氧化物能够对二价载流子进行存储和释放。这种电化学诱导产生的亚稳相具有优异性能，与单纯的插层反应不同，LiV_3O_8 正极的这些特点有助于实现高能量密度水系锌离子电池的应用。

4.3.2.3 磷酸钒盐类正极材料

在 NASICON$[M_3V_2(PO_4)_3$，M＝Li、Na] 型磷酸钒盐晶体结构中，2 个 $[VO_6]$ 八面体和 3 个 $[PO_4]$ 四面体通过共用顶点 O 原子的方式连接，形成一个 $[V_2(PO_4)_3]$ 结构基元，再通过 $[PO_4]$ 与其他的 $[V_2(PO_4)_3]$ 连接起来，构成一个开放的三维骨架，可以提供稳定的活性位点和离子迁移通道。在 NASICON 晶体结构中存在两种不同化学环境的金属离子位点。以 $Na_3V_2(PO_4)_3$ 为例，存在六配位环境的 6b（M1）位点和八配位环境的 18e（M2）位点。在其晶体结构中，1 个 Na^+ 占据 M1 位点，2 个 Na^+ 占据 M2 位点。充放电过程中，M2 位点的 2 个 Na^+ 进行可逆的嵌入和脱出反应，发生二电子的转移，具有高达 $117.6mA \cdot h \cdot g^{-1}$ 的放电比容量，广泛应用于钠离子电池。Zn^{2+} 的离子半径为 0.075nm 小于 Na^+ 离子半径 0.102nm，将 $Na_3V_2(PO_4)_3$ 应用到水系锌离子电池理论上是可行的[63]。

将 $Na_3V_2(PO_4)_3$ 应用到水系锌离子电池，首次充电时，两个 Na^+ 会从 $Na_3V_2(PO_4)_3$ 中

脱出，形成脱钠相 $NaV_2(PO_4)_3$，电压平台在 1.4V 左右。在放电过程中，Zn^{2+} 嵌入到脱钠相中，产生了一个新相 $Zn_xNaV_2(PO_4)_3$，电压平台在 1.25V 左右。在后续充放电过程中，电压平台分别为 1.05V 和 1.28V，仅发生 Zn^{2+} 的脱嵌反应（图 4-11）。该电池体系在前几圈容量衰减中放电容量衰减较快，在之后的循环中衰减变慢，可能是由锌离子的嵌入导致晶格畸变，活性位点损失。下面给出了 $Na_3V_2(PO_4)_3$ 电极材料在锌离子电池充放电过程中的反应机理。

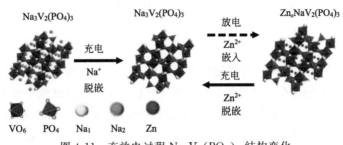

图 4-11　充放电过程 $Na_3V_2(PO_4)_3$ 结构变化

正极第一次充电反应：

$$Na_3V_2(PO_4)_3 \longrightarrow 2Na^+ + 2e^- + NaV_2(PO_4)_3 \tag{4-83}$$

之后正极充放电反应：

$$NaV_2(PO_4)_3 + xZn^{2+} + 2xe^- \rightleftharpoons Zn_xNaV_2(PO_4)_3 \tag{4-84}$$

锌电极充放电反应：

$$xZn \rightleftharpoons xZn^{2+} + 2xe^- \tag{4-85}$$

第一次充电后锌离子电池充放电总反应：

$$NaV_2(PO_4)_3 + xZn \rightleftharpoons Zn_xNaV_2(PO_4)_3 \tag{4-86}$$

为了进一步提高水系锌离子电池充放电性能，人们在 $Na_3V_2(PO_4)_3$ 中引入了强电负性的 F 元素，制备了 $Na_3V_2(PO_4)_2F_3$ 作为锌离子电池正极材料。$Na_3V_2(PO_4)_2F_3$ 框架由 $[V_2O_8F_3]$ 双八面体和 $[VO_4F_2]$ 八面体通过共用 F 原子连接，$[VO_4F_2]$ 八面体通过共用 O 原子与 $[PO_4]$ 四面体连接构成三维骨架，Na^+ 离子位于 a 轴和 b 轴开放的隧道位置[64]。这种八面体和四面体有序的排列和堆叠，为 Zn^{2+} 离子提供了大量的扩散通道，强电负性 F 元素的引入可以使得结构更加稳定。该电极材料储锌机理可以描述为，在首次充电时 $Na_3V_2(PO_4)_2F_3$ 脱出一个 Na^+，转变成 $Na_2V_2(PO_4)_2F_3$，放电时 0.5 个 Zn^{2+} 插入形成 $Zn_{0.5}Na_2V_2(PO_4)_2F_3$。在之后的充放电过程中 Zn^{2+} 离子在 $Zn_{0.5}Na_2V_2(PO_4)_2F_3$ 和 $Na_2V_2(PO_4)_2F_3$ 两相中来回穿梭。

4.3.2.4　钒硫化合物正极材料

目前报道的钒基化合物中还包括 VS_2、VS_4 等不含氧的钒硫化合物。VS_2 具有层状结构，层间距为 0.576nm，有利于 Zn^{2+} 的嵌入和脱出。2016 年，He 等[65] 首次报道了层状 VS_2 作为水系锌离子电池正极材料。利用 VS_2 材料具有电导率高和层间距大的特点，设计构筑了高性能的 $Zn//VS_2$ 锌离子电池。VS_2 结构中不含氧元素，Zn^{2+} 在嵌入和脱出过程中受到的静电相互作用比钒基氧化物的小，加快了 Zn^{2+} 的扩散速率。并且 VS_2 的层间空间能够适应 Zn^{2+} 的嵌入，沿 c 轴稍微拓展，沿 a 轴和 b 轴略有收缩，减弱了 Zn^{2+} 嵌入对正极结构的影响，对实现长寿命锌离子电池起到了关键作用。在放电过程中，Zn^{2+} 嵌入 VS_2 中分为两步：第一步发生在 $0.82 \sim 0.65V$ 电压范围内，Zn^{2+} 嵌入发生 VS_2 向 $Zn_{0.09}VS_2$ 相的转变，是一个高度可逆的插层反应；第二步在 $0.65 \sim 0.45V$ 电压范围内，发生了 $Zn_{0.09}VS_2$ 到 $Zn_{0.23}VS_2$ 的相变，提供了较大比例的容量。

$Zn//VS_2$ 锌离子电池反应机理可以表示为：

正极

$$VS_2 + 0.09Zn^{2+} + 0.18e^- \Longleftrightarrow Zn_{0.09}VS_2 \tag{4-87}$$

$$Zn_{0.09}VS_2 + 0.14Zn^{2+} + 0.28e^- \Longleftrightarrow Zn_{0.23}VS_2 \tag{4-88}$$

负极

$$Zn^{2+} + 2e^- \Longleftrightarrow Zn \tag{4-89}$$

VS_4 具有独特的链式结构，将其用作水系锌离子电池正极材料，具有优异的电化学性能[66]。但是 S_2^{2-} 基团的存在，使其具有复杂的反应机理。人们对该电极在充放电过程中的储锌机理进行了研究。VS_4 电极材料在充放电过程中存在脱嵌反应和转化反应组成的协同反应机理。在 $0.35V$ 完全放电状态下，正极上有 $Zn_3(OH)_2V_2O_7 \cdot H_2O$ 新相生成，其中 V 为 $+5$ 价，可能是由于电子从 V^{4+} 转移到了 S_2^{2-}，从而 V 的价态升高。从 $1.8V$ 放电至 $0.8V$，会有 S 的出现，继续放电会有 Zn_xVS_4 相的生成。从 $0.35V$ 到 $0.8V$ 充电时，Zn^{2+} 脱出，Zn_xVS_4 转变为 VS_4，从 $1.4V$ 到 $1.8V$ 时，$Zn_3(OH)_2V_2O_7 \cdot H_2O$ 和 S 对应的 XRD 衍射峰强度会增加，VS_4 衍射峰强度会减弱，这个过程中发生了转化反应。

转化反应机理可表示为：

$$2VS_4 + 10H_2O + 3Zn^{2+} \longrightarrow Zn_3(OH)_2V_2O_7 \cdot H_2O + 8S + 16H^+ + 10e^- \tag{4-90}$$

该式所描述的机理仅适用于充电过程，完全放电状态产生的 $Zn_3(OH)_2V_2O_7 \cdot H_2O$ 是 S 相缺失产生的，对应不同的反应机理。

插层反应机理可表示为：

$$VS_4 + xZn^{2+} + 2xe^- \Longleftrightarrow Zn_xVS_4 \tag{4-91}$$

总的来说，VS_2 和 VS_4 等钒硫化物具有高的电导率和金属离子间低的静电相互作用，在金属离子电池高性能电极材料中有广阔的应用潜力。但是，对于这些化合物在能量存储方面的研究机理仍处于起步阶段，需要设计高效的合成策略并进一步研究这些材料的电荷存储机理和电化学特性。

4.3.3 其他过渡金属化合物正极材料

4.3.3.1 锰基氧化物正极材料

锰基氧化物具有成本低、储量丰富、环境友好、价态多样等诸多优势，被广泛应用于储能材料领域。二氧化锰（MnO_2）具有独特的隧道或层状结构，能够为 Zn^{2+} 提供快速可逆的脱嵌通道，从众多锰基氧化物中脱颖而出，作为水系锌离子电池正极材料受到广泛关注。MnO_2 理论比容量为 $308mA \cdot h \cdot g^{-1}$，基本结构由一个 Mn^{4+} 和六个 O^{2-} 组成，通过不同的方式连接成 MnO_6 单元，从而形成各种隧道或层状结构的多晶型化合物，如图 4-2 所示。

（1）α-MnO_2 正极材料

二氧化锰各种晶型中，α-MnO_2 具有较大的孔道并且孔道中不会存储其他离子或分子，有利于充放电过程中离子的存储和扩散，在水系锌离子电池中被广泛研究。得益于结构优势，$\alpha\text{-}MnO_2$ 用作水系锌离子电池正极材料具有高的放电比容量（超过 $200mA\cdot h\cdot g^{-1}$），放电电压为 1.3V 左右。但在长期循环过程中，其放电比容量会显著下降，在高电流率下性能较差。为了解决这些问题，必须阐明正极上 $\alpha\text{-}MnO_2$ 的具体反应机理。最具有挑战性的问题在于 $\alpha\text{-}MnO_2$ 材料中 Zn^{2+} 存储机制复杂。到目前为止，已经提出了五种反应机理：锌离子的嵌入/脱出，H^+ 和 Zn^{2+} 共嵌入，化学转化反应，插层和转化反应相结合以及溶解沉淀反应机理。

① 锌离子的嵌入/脱出机理

$\alpha\text{-}MnO_2$ 正极材料被广泛接受的反应机理是锌离子可逆的嵌入和脱出。反应过程中，MnO_2 通过电化学反应发生由隧道结构到层状的可逆相转变。放电时，Zn^{2+} 会插入 $\alpha\text{-}MnO_2$ 结构中，同时部分 Mn 从 +4 价被还原为 +3 价。不稳定的 Mn^{3+} 会发生歧化反应生成 Mn^{4+} 和 Mn^{2+}，导致大量的锰溶解到电解液中。Mn 的溶解破坏了 $\alpha\text{-}MnO_2$ 隧道结构，诱导其形成了层状锌水钠锰矿相。在充电过程中，Mn^{2+} 插入锌水钠锰矿层中，原始隧道结构得以恢复[67]。

放电过程 Mn 的变化：

$$Mn^{4+}(s) + e^- \longrightarrow Mn^{3+}(s) \tag{4-92}$$

$$2Mn^{3+}(s) \longrightarrow Mn^{4+}(s) + Mn^{2+}(aq) \tag{4-93}$$

充电过程 Mn 的变化：

$$Mn^{2+}(aq) \longrightarrow Mn^{4+}(s) + 2e^- \tag{4-94}$$

② H^+ 和 Zn^{2+} 共嵌入反应机理

$\alpha\text{-}MnO_2$ 为正极材料的锌离子电池，在放电过程中具有两个明显的平台（如图 4-12，区域 Ⅰ 和区域 Ⅱ），表明放电时存在两种不同类型的离子插入。Zn^{2+} 尺寸较大并且与宿主结构具有强烈的相互作用，使得区域 Ⅱ 中 Zn^{2+} 插入的过程较慢，具有较大的过电位。H^+ 尺寸较小，可以在 MnO_2 中快速插入，因此区域 Ⅰ 表现出较小的过电位。人们在没有 $ZnSO_4$ 的 $0.2mol\cdot L^{-1}\ MnSO_4$ 电解液中，对 MnO_2 电极不同的电化学行为进行了验证，在该电解液中，只存在一个电压平台。由于没有 Zn^{2+}，不会发生锌离子的插入，所以没有对应于区域 Ⅱ 的电压平台。此外，在非水系有机电解液中，MnO_2 电极的比容量很低。在电解液中加入少量水后，放电容量显著增加，说明插入 H^+ 后，更有利于 Zn^{2+} 的插入，提高电极材料放电比容量。

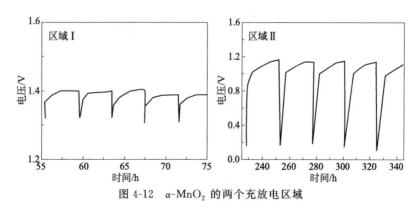

图 4-12 $\alpha\text{-}MnO_2$ 的两个充放电区域

③ 化学转化反应机理

Pan 等在放电产物中发现了 MnOOH，首次提出了 $\alpha\text{-}MnO_2$ 与 H^+ 之间存在高度可逆的化学转化反应。根据这一反应机理，水分解产生的 H^+ 在电池放电时与 MnO_2 反应生成 $MnOOH$。同时生成的 OH^- 离子与 $ZnSO_4$ 发生反应，生成片状 $ZnSO_4[Zn(OH)_2]_3\cdot xH_2O$，使电解液保持中性。在无 H^+ 的有机电解质中，$\alpha\text{-}MnO_2$ 阴极的容量非常低。在电解液中加入 H_2O 后，其电化学性能与在水溶液中类似。证实了 $\alpha\text{-}MnO_2$ 的容量来自与 H^+ 的化学反应，而不是 Zn^{2+} 的插层。反应机理如式（4-76）和式（4-77）：

$$MnO_2 + H^+ + e^- \longrightarrow MnOOH$$

$$1/2Zn^{2+} + OH^- + 1/6ZnSO_4 + x/6H_2O \longrightarrow 1/6ZnSO_4[Zn(OH)_2]_3\cdot xH_2O$$

④ 插层和转化复合反应机理

与上述三种反应机制观察到的简单相变不同，该反应机理涉及复杂的相变化，如图 4-13 所示。Zn/MnO_2 水系锌离子电池第一次放电到 1.4V 时会出现 Zn^{2+} 的插层，形成插层产物 Zn_xMnO_2。在 1.3～1.0V 进一步放电过程中，发生化学转化反应，生成 $MnOOH$、Mn_2O_3 和副产物 $ZnSO_4\cdot3Zn(OH)_2\cdot5H_2O(BZSP)$。反应方程式如下：

$$MnO_2 + xZn^{2+} + 2xe^- \longrightarrow Zn_xMnO_2 \tag{4-95}$$

$$MnO_2 + H^+ + e^- \longrightarrow MnOOH \tag{4-96}$$

$$4Zn^{2+} + 6OH^- + SO_4^{2-} + 5H_2O \longrightarrow ZnSO_4\cdot3Zn(OH)_2\cdot5H_2O \tag{4-97}$$

$$2MnO_2 + 2H^+ + 2e^- \longrightarrow Mn_2O_3 + H_2O \tag{4-98}$$

在第一次充电时，Zn^{2+} 脱插层和反转化反应后，放电产物转化为原始的 $\alpha\text{-}MnO_2$ 相，BZSP 相在 Mn^{2+} 的参与下转化为 $ZnMn_3O_7\cdot3H_2O$。

$$3[ZnSO_4\cdot3Zn(OH)_2\cdot5H_2O] + 3Mn^{2+} \longrightarrow$$
$$ZnMn_3O_7\cdot3H_2O + 8Zn^{2+} + 4OH^- + 3ZnSO_4 + 19H_2O + 6e^- \tag{4-99}$$

在后续的充放电过程中，通过转化反应生成新的 $Zn_2Mn_3O_8$ 和 $ZnMn_2O_4$ 相。与之前形成的 $\alpha\text{-}MnO_2$、Zn_xMnO_4、$ZnMn_3O_7\cdot3H_2O$ 一起作为 Zn^{2+} 嵌入和脱出的主体结构（图 4-13）。

$$Zn_xMnO_2 + (0.5-x)Zn^{2+} + (1-2x)e^- \longrightarrow 0.5ZnMn_2O_4 \tag{4-100}$$

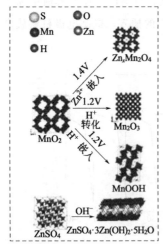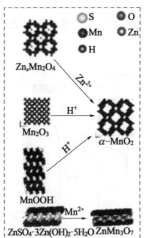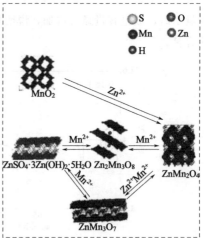

图 4-13　插层和转化复合反应机理

$$Zn_2Mn_3O_8 + Mn^{2+} + 2e^- \longrightarrow 2ZnMn_2O_4 \qquad (4\text{-}101)$$

该机理表明 Zn^{2+} 的插层发生在 H^+ 的转化反应之前,与 H^+ 和 Zn^{2+} 共插层机制不同,后者表明 H^+ 的插层发生在 Zn^{2+} 之前。

⑤ 溶解沉淀反应机理

Mn 基正极材料和 $ZnSO_4$ 电解质在水系锌离子电池中普遍存在 Mn^{2+} 的溶解和 $Zn_4(OH)_6SO_4 \cdot xH_2O(ZSH)$ 的生成和消失。人们通常认为这是副反应,是电池容量下降的原因。在 $ZnSO_4$ 电解质中引入 $MnSO_4$ 添加剂,通过共同离子或静电屏蔽作用抑制副反应的发生。但研究发现,Zn/MnO_2 电池中的溶解沉淀机制可逆形成的 ZSH 对电池容量具有积极的贡献。在首次放电过程中,MnO_2 和 H_2O 反应生成的 Mn^{2+} 溶解在电解液中。同时释放出的 OH^- 与 SO_4^{2-} 和 Zn^{2+} 反应,在正极表面生成 ZSH 相。充电时,生成的 ZSH 与溶解的 Mn^{2+} 反应,生成 birnessite-MnO_2。在随后的充放电循环中,类似的溶解沉积反应发生在 birnessite-MnO_2 上,而不是在原始的 MnO_2 上,如图 4-14 所示[68]。在整个能量存储过程中,H^+ 和 Zn^{2+} 插层反应只发生在未溶解的原始 MnO_2 中,此反应机理贡献的比容量有限。溶解沉淀机理反应方程式如下。

第一次放电过程正极反应:
$$3MnO_2 + 6H_2O + 6e^- \longrightarrow 3Mn^{2+} + 12OH^- \qquad (4\text{-}102)$$

第一次充电过程正极反应:
$$3Mn^{2+} + 12OH^- \longrightarrow 3\ birnessite\text{-}MnO_2 + 6H_2O + 6e^- \qquad (4\text{-}103)$$

随后的充放电循环过程正极反应:
$$3\ birnessite\text{-}MnO_2 + 6H_2O + 6e^- \rightleftharpoons 3Mn^{2+} + 12OH^- \qquad (4\text{-}104)$$

副反应:
$$12OH^- + 2SO_4^{2-} + 8Zn^{2+} + 8H_2O \rightleftharpoons 2Zn_4(OH)_6SO_4 \cdot 4H_2O \qquad (4\text{-}105)$$

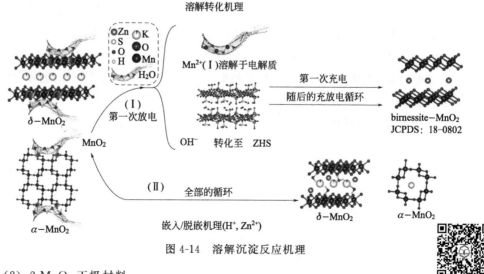

图 4-14　溶解沉淀反应机理

(2) β-MnO_2 正极材料

与其他 MnO_2 晶型相比,β-MnO_2 具有最窄的 $[1 \times 1]$ 隧道结构,Zn^{2+} 嵌入和脱出比较困难。人们对其形态和结构进行了调整,使其可以用作水系锌离子电池正极材料。人们通过形貌设计和晶面控制，制备了具有（101）晶面的 β-MnO_2 纳米棒，该材料具有较高的放电容量（100mA·g^{-1} 电流密度下，放电比容量为 270mA·h·g^{-1}）和良好的循环稳定性（200mA·g^{-1} 时循环次数超过 200 次，容量保持率为 75%），验证了 β-MnO_2 作为锌离子电池正极材料的可行性[69]。β-MnO_2 中锌离子的存储机理是 Zn^{2+} 插层和转化反应的结合。在初始循环中 Zn^{2+} 嵌入 β-MnO_2 结构中，30 个循环之后，β-MnO_2 转变为 $ZnMn_2O_4$ 相。同时在正比表面生成了 $ZnSO_4$·$3Zn(OH)_2$·$5H_2O$ 沉淀。在之后的充放电过程中，Zn^{2+} 在 $ZnMn_2O_4$ 结构中发生可逆的嵌入和脱出。

（3）γ-MnO_2 正极材料

γ-MnO_2 具有随机的 [1×1] 和 [1×2] 的隧道结构，可以看作是 R 和 β-MnO_2 相的共生生长。Alfaruqi 等首次报道了 Zn^{2+} 可以在 γ-MnO_2 中嵌入和脱出，并且通过电化学诱导可以使 γ-MnO_2 发生多相相变。初始放电状态下，部分 γ-MnO_2 会发生向尖晶石 Mn^{3+} 相（$ZnMn_2O_4$）结构的转变。进一步放电，随着 Zn^{2+} 进入 γ-MnO_2 的 [1×2] 隧道结构，演变出一种新的隧道型 Mn^{2+} 相（γ-Zn_xMnO_2）。之后 Zn^{2+} 连续插入 γ-Zn_xMnO_2 结构中，部分完全插入的隧道会扩展和坍塌，形成层状的 L-Zn_yMnO_2（Mn^{2+} 相）[70]。在放电过程中，三种不同结构和氧化态的放电产物共存。充电后，恢复为原始的 γ-MnO_2 结构。

（4）δ-MnO_2 正极材料

除了隧道型 MnO_2 晶型外，层状 δ-MnO_2 具有较宽的层间距（7.0Å），在水系锌离子电池正极材料中具有较大潜力[71]。但是在长期循环使用后，δ-MnO_2 电极的容量会迅速衰减。性能下降的原因在于 δ-MnO_2 电极表面形成了不具有电化学活性的 $ZnSO_4$·$3Zn(OH)_2$·$4H_2O$(BZS)，并且活性物质 Mn 有明显的损失。研究发现，在较小的电流密度下放电，转化反应的吉布斯自由能势垒较低，反应容易进行，从而产生了更多的无电化学活性的副产物（BZS），MnO_2 材料体积变大，相变缓慢，使得电池容量快速衰减。在大的电流密度下充放电，能量势垒的增加，可以抑制动力学极限的转化反应。此外，无论原始 MnO_2 晶型如何，在 Zn^{2+} 存储过程中，都很容易转化为层状 MnO_2。这种不可逆的相变等副反应都将导致 MnO_2 晶体结构的坍塌。为了加强 δ-MnO_2 的层状结构稳定性，可以在层间预插入聚苯胺（PANI）。导电性聚苯胺聚合物的加入避免了相变，减小了阳离子插入/萃取时的体积变化，具有高速率性能和长期循环寿命。

4.3.3.2 普鲁士蓝正极材料

普鲁士蓝（PB）及其类似物（PBAs）在水系锌离子电池中也具有优异的应用前景[72]。普鲁士蓝 Fe_4(Ⅲ)[Fe(Ⅱ)(CN)$_6$]$_3$·H_2O 具有面心立方结构，Fe(Ⅱ) 和 Fe(Ⅲ) 离子交替位于立方体的角上，Fe(Ⅱ) 与 C 原子成键，Fe(Ⅲ) 与 N 原子成键，分别形成 Fe(Ⅱ)C_6 和 Fe(Ⅲ)N_6 八面体并通过 C≡N 桥连形成开放的三维骨架，具有丰富的活性反应位点和高的结构稳定性。水分子可以占据 [Fe(Ⅱ)(CN)$_6$]$^{4-}$ 团簇的八面体空隙（作为配位水），也可以占据间隙 8c 位点（1，1，1）（作为间隙水）。在 PB 晶格中，Fe(Ⅱ) 和 Fe(Ⅲ) 离子都可以被其他过渡金属阳离子部分或完全取代，形成与普鲁士蓝相似的结构（PBAs）。PBAs 的通式可以表示为 $A_xM_1[M_2(CN)_6]_y$·nH_2O，其中 A 为碱金属（通常为 Li、Na、K），M_1 和 M_2 为过渡金属（通常为 Mn、Cu、Ni、Co、Zn）。长期以来，PBAs 系列一直被认为是潜在的金属离子电池正极材料，具有以下结构优势：①开放式框架结构，具有大的三维通道和间隙空间，使得客体离子迁移速度快，结构变化少；②普鲁士蓝晶格中过渡金属离子的多种组合和间隙碱金属离子的选择使普鲁士蓝电极的电化学性能易于调整；③PBAs有两个氧化还原活性中心 $M_1^{2+/3+}$ 和 $M_2^{2+/3+}$，这使得PBAs具有较高的理论比容量。

普鲁士蓝 $FeFe(CN)_6$（FeHCF）被广泛用作锂、钠离子电池正极材料，但是将其作为锌离子电池正极材料的研究非常有限。人们对 FeHCF 中 Zn^{2+} 的插入/脱出进行了研究。放电时，Zn^{2+} 插入 FeHCF 结构中，同时 Fe^{3+} 还原为 Fe^{2+}。随着锌离子的嵌入，生成的 $[Fe(II)(CN)_6]^{4-}$ 半径小于 $[Fe(III)(CN)_6]^{3-}$，FeHCF 晶格收缩，XRD峰向更高的衍射角度偏移（图4-15）。在充电过程中（Zn^{2+} 离子脱出）XRD峰逐渐回到原来的位置。这些结果表明，Zn^{2+} 在 PB 结构中的插入/脱出过程具有较高的可逆性。但是 FeHCF 的放电电压很低，仅有1.1V，远低于普鲁士蓝类似物（PBAs）。

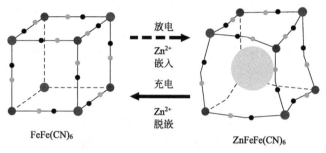

图4-15　FeHCF充放电过程结构变化

六氰铁酸铜 $[KCuFe(III)(CN)_6（CuHCF）]$ 的工作电压是已知的锌离子电池正极中最高的，可达1.73V。但在 $60mA \cdot g^{-1}$ 电流密度下，CuHCF 的放电比容量只有 $53mA \cdot h \cdot g^{-1}$，不尽如人意。人们对 Zn^{2+} 在 CuHCF 材料中的嵌入和脱出过程进行了研究[73]。CuHCF 结构中的 Zn^{2+} 插入/脱出是固相扩散过程。在 $KCuFe(CN)_6$ 结构中，单位细胞的大间隙区（称为开A区）有一半被钾离子填满。充电/放电时，Zn^{2+} 将插入未占用的间隙A位置，并通过直接间隙扩散沿<100>方向从一个通道扩散到另一个通道。这种间隙扩散机制使得锌离子能够快速地插入和脱出，并且晶格畸变较小。在初始循环中，A位点上的水分解，使得库仑效率（30%）和放电比容量（$45mA \cdot h \cdot g^{-1}$）相对较低。在随后的循环中，随着水分子数量的减少，更多的A位点可以用于 Zn^{2+} 的插入，从而增加了放电比容量。当插入的 Zn^{2+} 在A位达到临界量后，CuHCF 将被分离成 CuHCF 和 ZnHCF 两相。这些相只能容纳较少的 Zn^{2+}，导致 CuHCF 正极容量下降。在后续的研究中，人们提出了缓解 CuHCF 降解的改性方法，采用 Zn^{2+} 替代 CuHCF 中少量的 Cu^{2+}。与未改性 CuHCF 相比，Cu：Zn 为 93：7 的 CuZnHCF 循环稳定性更好，1000次以上循环后的容量保持率可提高11%，且新相生成较少。但是这背后的潜在机制仍然不完全清楚，CuHCF 作为锌离子电池正极材料的电化学机理需要进一步深入研究。

铁氰化锌 $Zn_3[Fe(CN)_6]_2 \cdot H_2O$（ZnHCF）是一种不同于立方结构的普鲁士蓝类衍生物，其具有菱形结构，ZnN_4 四面体通过 $C\equiv N$ 配体与 FeC_6 八面体连接[74]。这种结构形成的原因在于原来的立方结构 $Zn_3[Fe(CN)_6]_2 \cdot H_2O$ 不稳定，其中1/3的 $[Fe(CN)_6]^{3-}$ 空位被水分子占据。热处理后，这些配位水分子很容易被移除，导致其结构从立方向菱形转变。这种转变只是晶格变形而不是重构，表明 ZnHCF 颗粒在菱形 ZnHCF（RZnHCF）样品内部保留了原有的立方形貌，只有表面的原子排列会改变。ZnN_4 四面体代替了 ZnN_6 八面体与 FeC_6 八面体连接成网络结构，这种网络结构有利于 Zn^{2+} 的脱嵌。当 RZnHCF 正极作为 Zn^{2+} 的插层宿主时，其能量密度为 $100W \cdot h \cdot kg^{-1}$，工作电压为 1.7V。此外，RZnHCF 的锌离子存储性能与 RZnHCF 颗粒的形貌和表面有很强的相关性。通过控制前驱体溶液的浓度和滴速，可以得到不同形貌的 RZnHCF 颗粒，如立方面体（C-RZnHCF）、截断八面体（T-RZnHCF）和八面体（O-RZnHCF）。在 $60mA \cdot g^{-1}$ 电流密度下，C-RZnHCF 放电比容量（$69.1mA \cdot h \cdot g^{-1}$）略高于 T-RZnHCF（$67.3mA \cdot h \cdot g^{-1}$）和 O-RZnHCF（$66.0mA \cdot h \cdot g^{-1}$）。当电流密度增加到 $3000mA \cdot g^{-1}$ 时，这种差异更加明显，其中 C-RZnHCF、T-RZnHCF 和 O-RZnHCF 放电比容量分别为 $60.5mA \cdot h \cdot g^{-1}$、$50.3mA \cdot h \cdot g^{-1}$ 和 $36.0mA \cdot h \cdot g^{-1}$，表明 C-RZnHCF 比 T-RZnHCF 和 O-RZnHCF 具有更好的 Zn^{2+} 存储性能。总的来说，在水系锌离子电池正极材料中，PBAs 提供了最高的理论工作电压（1.7V vs. Zn^{2+}/Zn）。但是 PBAs 的放电比容量有限、循环性能差、库仑效率低，阻碍了 PBAs 作为 Zn^{2+} 插层正极材料的发展。

4.3.3.3　过渡金属硫族化合物正极材料

谢弗雷尔相化合物（Chevrel phase compounds）（CP）Mo_6T_8（T=S、Se、Te），具有开放和刚性的晶体结构，允许快速和可逆的客体离子插入。谢弗雷尔相的晶体结构由 Mo_6T_8 堆叠而成，每个 Mo_6T_8 单元由一个 $[Mo_6]$ 八面体簇组成，整体嵌入一个 $[T_8]$ 阴离子立方体中。在谢弗雷尔相化合物中 Mo_6S_8 是最有吸引力和被广泛研究的锌离子插层/脱插层化合物。它独特的三维通道开放结构为金属离子的插入提供了两种活性位点。锌离子插入 Mo_6S_8 晶格中是一个两步电化学反应过程，涉及 Mo_6S_8 晶格中两个不同的插层位置。放电时，锌离子首先以较高的电压（1~0.45V）插入较大的 Zn_1 位点（Mo_6S_8 六面体的立方中心），并伴随由 Mo_6S_8 到 $ZnMo_6S_8$ 的相变。在这一阶段，由于插入的 Zn 离子部分被限制在 Zn_1 位点，在第一个循环中发生不可逆的容量损失。在低电压阶段（约 0.35V），当 Zn^{2+} 插入较小的 Zn_2 位点（Mo_6S_8 六面体的面中心）时，$ZnMo_6S_8$ 向 $Zn_2Mo_6S_8$ 相转变。在低电压阶段没有发现容量的衰减，这表明在第一个循环中，插入的 Zn^{2+} 会被限制在 Zn_1 位点上[75]。

$$Zn^{2+} + Mo_6S_8 + 2e^- \longrightarrow ZnMo_6S_8 \tag{4-106}$$

$$Zn^{2+} + ZnMo_6S_8 + 2e^- \longrightarrow Zn_2Mo_6S_8 \tag{4-107}$$

在 Zn^{2+} 进行插层时，Mo_6S_8 的体积增大，但是 Zn^{2+} 的插入会使 Mo 阳离子减少，Mo-Mo 的平均原子间距离从 2.81Å 减小到 2.62Å，使得 Mo_6S_8 结构中的 Mo-Mo 键更强。Mo_6S_8 根据四电子转移形成 $Zn_2Mo_6S_8$，其理论比容量为 $128mA \cdot h \cdot g^{-1}$。$Mo_6S_8$ 的初始容量可以达到 $120mA \cdot h \cdot g^{-1}$，接近理论值，但由于 Mo_6S_8 的 Zn_1 位点内对 Zn^{2+} 的限制，比容量会下降并稳定在 $83mA \cdot h \cdot g^{-1}$。为了提高 CP 正极材料的比容量，还需进一步解决 CP 正极的本征离子捕获问题。

过渡金属二硫族化合物（MoS_2、$MoSe_2$ 和 WS_2 等）具有层状结构并且层间距较大（约 0.62nm），已被成功开发为锂离子电池和钠离子电池的电极材料[76]。当 MoS_2 和 WS_2 用作水系锌离子电池正极材料时，其放电比容量分别只有 $18mA \cdot h \cdot g^{-1}$ 和 $22mA \cdot h \cdot g^{-1}$。主要原因在于 MoS_2 和 WS_2 导电性很低，电极材料利用率低，并且插入的 Zn^{2+} 与主体结构之间的静电相互作用很强，不利于锌离子的脱嵌。为了提高 MoS_2 正极的锌离子存储能力，人们通过引入缺陷、剪裁纳米结构、与高导电性基体耦合等方法进行了改性。例如，在碳纤维布上制备了带有膨胀夹层（0.70nm）的 MoS_2 纳米片（E-MoS$_2$）。E-MoS$_2$ 层间空间的扩展降低了离子扩散阻力，适应了 Zn^{2+} 插入/脱出时的结构应变[77]。碳布基底提供了一个高导电性网络，减少了内阻，扩大了活性材料/电解质界面。利用这些结构优势，合成的 E-MoS$_2$ 作为锌离子电池正极，在 $0.1A \cdot g^{-1}$ 时的比容量为 $202.6mA \cdot h \cdot g^{-1}$，循环 600 次后的比容量保持率为 98.6%。电化学动力学分析表明，在扫描速率为 $0.5mV \cdot s^{-1}$ 的情况下，Zn/E-MoS$_2$ 水系锌离子电池具有表面控制的电容性行为，80%的总容量来自电容性贡献。这表明 E-MoS$_2$ 具有快速的 Zn^{2+} 存储动力学，其原因在于 E-MoS$_2$ 的离子扩散阻力减小，电化学活性位点增加。

4.3.4 有机化合物正极材料

近年来，有机氧化还原活性化合物作为电极材料越来越受到人们的关注。它们具有低成本、轻量化、结构多样性、资源可持续性、合成方法简便、环境友好等无机化合物无法比拟的优点。在不同类型的有机化合物中，羰基化合物，尤其是醌类化合物，因其在水中的溶解度低、理论能量密度高成为最有前途的水溶性化合物[78]。例如，calix[4]quinone（C4Q）具有八个羰基（C=O 双键），有优越的锌离子存储性能。在 $20mA \cdot g^{-1}$ 电流密度下，具有 $335mA \cdot h \cdot g^{-1}$ 的放电比容量。在 $500mA \cdot g^{-1}$ 电流密度下循环 1000 次，仍有 97%的容量保持率。羰基是 C4Q 中锌离子储存的氧化还原中心，羰基上的静电势较负，有利于亲电反应。在放电过程中，3 个 Zn^{2+} 可以通过离子配位机制存储在每个 C4Q 分子中，Zn^{2+} 通过电化学还原 C=O 基团与 O 阴离子进行配位形成 Zn_3C4Q。另一种醌类化合物四氯-1,4-苯醌（p-四氯对苯醌），其结构灵活，在水溶液电解质中不溶，也被认为是水系锌离子电池合适的正极材料。放电过程中，p-四氯对苯醌分子在 Zn^{2+} 插入时经历了扭曲的重新定向。插入的 Zn^{2+} 将与两个 Cl 原子和两个 O 原子（来自两个 p-四氯对苯醌分子）协调，导致 O—O 距离增加而 Cl—Cl 距离减少。在循环过程中，p-四氯对苯醌和锌-四氯对苯醌（$ZnC_6Cl_4O_2$）之间的水辅助相转变是可逆的。与 C4Q 正极材料不同的是，在 p-四氯对苯醌基水系锌离子电池中没有发现有机物质或其放电产物在电解液中的溶解。随着循环时间的延长，Zn/p-四氯对苯醌电池容量的下降是由于充放电产物不受控制地增长，形成更大的结构，减少了活性物质与电解质的接触面积。

此外，PANI、PPy 和 PEDOT 等导电聚合物可以作为无机锌离子电池正极材料的预插层或涂层成分，提高其电化学性能。不仅如此，这些导电聚合物还可以作为锌离子电池的活性正极材料。以 PANI 为例，人们提出了 $Zn/Zn(CF_3SO_3)_2/PANI$ 电池的混合机理，即 Zn^{2+} 插入/提取和双离子过程相结合。原始 PANI 部分被氧化，包含掺杂和未掺杂的氮。在第一次放电时，掺杂的氮（=NH$^+$—基团）将被还原为—NH—，同时 Cl$^-$ 被从原始主链中移除。未掺杂的氮（=N—）会被还原为—N—，可以将 Zn^{2+} 与主链结合。充电时，储存的 Zn^{2+} 会随着—N—氧化至=N—被释放出来。此外，—NH—会被氧化成带正电荷的=NH$^+$—来吸

引 $CF_3SO_3^-$。在随后的循环过程中，放电过程包括两个阶段。在第一阶段（从完全氧化到半氧化 PANI），只有 $CF_3SO_3^-$ 的释放。从半氧化到完全氧化的 PANI 中，$CF_3SO_3^-$ 的释放伴随着 PANI 中 Zn^{2+} 的结合。在整个放电过程中，醌基是聚苯胺的氧化还原活性中心，接受电子并被还原为苯。充电后，苯失去电子，被氧化成醌。这一过程涉及聚苯胺中 Zn^{2+} 的释放和 $CF_3SO_3^-$ 的进入。总的来说，通过对有机分子或聚合物链的研究，为储能系统的绿色、低成本应用设计开辟了新的篇章，推动了安全、灵活的储能设备的发展。

4.4 基于电容性吸附反应原理的锌基电池体系

4.4.1 锌离子混合超级电容器工作原理

近年来，锌离子混合超级电容器（ZHSCs）受到了越来越多的关注。ZHSCs 是一种集高能锌离子电池和大功率超级电容器优点于一体的新型储能器件。它将二次电池型电极（通过法拉第氧化还原反应进行储能）与电容型电极（采用双电层静电吸附进行储能）有效地结合在一起，实现同时具有二次电池和超级电容器各自优点的新型电化学储能设备[79]。这种电池型负极—电容型正极（活性炭）的锌离子混合电容器储能机理可以归纳为：充电时，电解液中的阴离子向活性炭表面移动并吸附在活性炭表面形成双电层（表面储能，速度快，储能少），而电解液中的 Zn^{2+} 向负极移动并嵌入或沉积到负极材料中（基体储能，速度慢，储能多），电子则通过外电路由正极转移到负极。放电时，阴离子从活性炭表面脱附，Zn^{2+} 从负极材料中脱出，返回电解液中，电子通过外电路由负极回到正极。锌离子混合电容器的能量密度由正极决定（电容型材料），功率密度则取决于负极材料（电池型材料）[80]。

ZHSCs 的发展仍处于起步阶段，还有许多瓶颈需要克服。特别是碳正极有限的离子吸附能力所引起的挑战严重限制了 ZHSCs 的能量密度。如何设计出既具有高能量密度又不降低固有功率和长期耐用性的新型碳正极是制约 ZHSCs 发展的关键问题[81]。

4.4.2 锌离子电容器电极材料

碳基材料具有大的比表面积、良好的化学稳定性和较高的电导率，被广泛用作锌离子混合超级电容器正极材料。但是碳正极的离子吸附能力有限，导致电荷存储容量不足，不能与 Zn 电极的高理论容量相匹配，使得 ZHSCs 器件的能量密度明显低于预期。一般认为，碳基材料的离子吸附能力与比表面积呈正相关。但是比表面积不是决定碳基材料电容的唯一因素。除了比表面积，碳材料的孔径大小、孔径分布、异质原子掺杂等也会影响其电容性能。因此，提高 ZHSCs 能量密度的关键在于对碳材料进行合理的设计和修饰，通过调整形貌、建立分级多孔结构、引入杂原子掺杂剂或官能团等方式来增强碳正极的物理或化学吸附性能，在其固有的功率密度和长耐久性基础上，增加其能量密度[82]。在各类超级电容器中，对 ZHSCs 的研究起步较晚，目前应用于锌离子混合超级电容器电极的碳材料主要有商用活性炭、碳纳米管、石墨烯和多孔碳等。

4.4.2.1 活性炭电极材料

活性炭具有制造成本低、耐化学腐蚀性强、热膨胀系数低、适应温度范围宽、循环稳定性好、来源丰富、无毒性、可加工、易于控制表面官能团和微观结构等优点，被广泛用作传统电容器和超级电容器电极材料。为了能够进一步提高电容器的能量密度，人们以高比表面积活性炭材料为正极、金属锌为负极、硫酸锌水系溶液为电解液，借助离子在活性炭表面的快速吸脱附和锌离子在锌电极表面的溶解/沉积，制备了锌离子混合超级电容器，实现了能量的可逆存储和释放。该锌离子混合超级电容器可在 $0.2\sim1.8V$ 电压区间内工作，放电比容量和能量密度可达 $121mA\cdot h\cdot g^{-1}$ 和 $84W\cdot h\cdot kg^{-1}$（基于活性炭电极质量计算）。相比之下，以活性炭为电极的对称型超级电容器，在硫酸、硫酸钠、硫酸锌等不同的水系电解液中，只能获得 $0.5\sim3.3W\cdot h\cdot kg^{-1}$ 的能量密度。与传统碳基超级电容器相比，ZHSCs 表现出良好的电化学性能，放电比容量和能量密度有了极大提高，为锌离子混合超级电容器的发展奠定了理论基础，开启了锌离子混合超级电容器的研究热潮。

在随后的研究中，对于 ZHSCs 正极的研究重点主要集中在改变其形态以实现 ZHSCs 的小型化或功能化。人们制备了一种新型的微锌离子混合超级电容器。在绝缘基板上印刷叉指型微电极图案，电镀锌纳米片作为负极，活性炭作为正极，硫酸锌水溶液作为电解液，制成了微超级电容器。在 $0.16mA\cdot cm^{-2}$ 电流密度下，具有 $1297mF\cdot cm^{-2}$ 的比电容。在 $0.16mW\cdot cm^{-2}$ 功率密度下，其能量密度可达 $115.4\mu W\cdot h\cdot cm^{-2}$。在 $1.56mA\cdot cm^{-2}$ 电流密度下循环 10000 次，其电容没有衰减。区别于普通的超级电容器，微超级电容器体积较小，可作为微型功率源与微电子器件互相兼容，其正逐渐成为芯片储能器件研究领域中一个新兴的研究方向，具有很好的应用前景。此外，为了实现可穿戴超级电容器的应用，人们制备了一种光纤型 ZHSCs。采用电镀法制备了层级连接的锌纳米结构，溶液铸造法对碳纤维进行了活性炭的制备。将两种电极材料组装成纤维型 ZHSCs，在 $0.05\sim3.0mA\cdot cm^{-2}$ 的电流密度下，器件的比电容可达 $56\sim24mF\cdot cm^{-2}$。在折叠和打结时仍能保持原有的储能性能，该器件具有非常高的机械灵活性，有望在可穿戴领域实现应用。

4.4.2.2 碳纳米管电极材料

碳纳米管（CNTs）是具有石墨结构的一维管状纳米材料，其具有优异的化学和机械稳定性、良好的电子传导和离子传输性能，在电化学储能领域得到广泛研究。与其他碳材料相比，CNTs 相对较低的比表面积（一般小于 $500m^2\cdot g^{-1}$）限制了电容和能量密度的提高。目前应用于 ZHSCs 的 CNTs 通常经过修饰以产生更多的伪电容活性位点。

在碳纳米管表面引入含氧官能团，增强其赝电容性能。有研究者采用强氧化物质（H_2SO_4、$KMnO_4$、H_2O_2 等）对碳纳米管进行处理，在其表面引入了丰富的羧基和羟基。引入的含氧官能团可以与 Zn^{2+} 相互作用，增加其赝电容性能。将其与金属锌负极和硫酸锌电解液组成锌离子混合超级电容器，在充放电过程中，碳纳米管正极同时存在对 Zn^{2+} 的物理吸附解吸过程和基于氧官能团的法拉第反应。双电层机理和赝电容反应的同时存在，使得碳纳米管的比电容显著增加。反应机理如下：

$$\{CNT\}\cdots O + Zn^{2+} \Longrightarrow \{CNT\}\cdots O||Zn^{2+} \tag{4-108}$$

$$\{CNT\}\cdots O + Zn^{2+} + 2e^- \Longrightarrow \{CNT\}\cdots O\cdots Zn \tag{4-109}$$

$$\{CNT\}\cdots O + H^+ + e^- \Longrightarrow \{CNT\}\cdots OH \tag{4-110}$$

为了提高 CNTs 在锌离子混合超级电容器中的应用，人们采用氧化的 CNTs 作为微正极，开发了一种微锌离子混合超级电容器。在电极材料制备过程中选择了柔性、可加工的商用碳纳米管纸作为原料,用氧等离子体处理2min,之后去除不需要的区域构建微正电极。采用原位电镀的方法制备了电镀锌微负电极,保证了负极上的锌可以随时补充。在$1mA \cdot cm^{-2}$电流密度下,具有$83.2mF \cdot cm^{-2}$的比电容。在$10mA \cdot cm^{-2}$电流密度下,仍具有$65mF \cdot cm^{-2}$的比电容,具有优异的倍率性能。

4.4.2.3　石墨烯和其他二维碳电极材料

石墨烯是一种由六方晶格碳原子组成的具有sp^2杂化轨道的二维(2D)纳米材料,具有良好的导电性和独特的孔隙结构,在电化学储能方面受到广泛应用。Wu等首次对石墨烯作为ZHSCs正极材料进行了研究。采用改良Hummers法和KOH活化法制备了多孔氧化石墨烯正极(aMEGO),将其和Zn负极,$Zn(CF_3SO_3)_2$电解液组装成了锌离子混合超级电容器。放电时,物理吸附的$CF_3SO_3^-$迁移到正极侧的电解液中,金属Zn被氧化成Zn^{2+}溶解到阳极侧的电解液中。该器件具有良好的电容性能和超长的循环寿命。在$8A \cdot g^{-1}$电流密度下,循环次数可达8万次,电容保留率为93%。但是二维层状碳材料存在团聚和再堆积现象,会导致电解液离子传输和电荷存储效率较低。

在二维碳材料中掺杂异质原子是增加层间静电斥力,防止二维碳材料严重堆积的有效方法。并且,异质原子的掺杂可以提供更多的赝电容活性位点,增加材料的电荷存储容量。例如在碳骨架中的杂原子B和N,不仅可以保持电极材料的层状结构,还可以产生部分缺陷,提供更多活性位点。人们通过H_3BO_3插层引导热解法合成了一种二维层状B/N共掺杂多孔碳(LDC)。丙烯腈共聚物为碳源和氮源,H_3BO_3作为插层剂和掺杂剂将B引入碳基体。将其在硫酸锌水系电解液中组装成锌离子混合超级电容器,具有优良的能量密度($86.8W \cdot h \cdot kg^{-1}$)和较长的使用寿命,$0.5A \cdot g^{-1}$电流密度下具有$127.7mA \cdot h \cdot g^{-1}$的放电比容量,远远高于还原氧化石墨烯(rGO)等二维碳材料。

除了杂原子掺杂外,制备复合材料也是抑制二维材料片层堆积的有效策略。将还原氧化石墨烯气凝胶和MXene材料进行复合可以抑制MXene片层的聚集和堆积,保证电解质离子的传输效率。对此,人们设计了一种多孔的三维(3D)$MXene(Ti_3C_2T_x)$-rGO气凝胶。人们通过蚀刻和超声制备单层MXene,通过水热反应制备多孔三维还原氧化石墨烯气凝胶。随后将两者一起浸泡并冷冻干燥,制备出MXene还原氧化石墨烯气凝胶。还原氧化石墨烯气凝胶作为骨架,可以抑制MXene的聚集和堆积,从而保证电解质离子的传输。将其组装成锌离子混合超级电容器,在$0.4A \cdot g^{-1}$电流密度下具有$128.6F \cdot g^{-1}$的比电容,在$5A \cdot g^{-1}$电流密度下循环75000次仍具有95%的容量保持率。

4.4.2.4　多孔碳电极材料

多孔碳(PC)具有良好的化学稳定性、可调的微观结构和表面官能化等特性,是ZHSCs体系中应用最广泛的正极材料。其多孔性的特性保证了电解液和电极表面的充分接触,使得ZHSCs具有高功率密度和倍率性能。在碳空心球中引入介孔结构后,将其作为锌离子混合超级电容器正极材料,其放电容量、倍率性能和功率密度均优于碳空心球,介孔的存在有利于电子的快速传输和离子的扩散。

在多孔碳表面引入富氧官能团,利用富氧官能团具有的赝电容性能和多孔碳特有的孔结构,实现正极材料快速的电化学动力学。有研究者采用燃烧和酸处理的方式制备了富氧三维多孔碳(OPC)作为柔性ZHSCs电极材料。三维的多孔结构和互联结构使得该材料具有较大的离子/电子传递速率，丰富的含氧官能团增强了赝电容性能。采用明胶电解质、Zn 负极和 OPC 正极组装的柔性 ZHSCs 具有 132.7mA·h·g^{-1} 的放电比容量和 82.36W·h·kg^{-1} 的高能量密度。

杂原子掺杂可提高 PC 正极的电容性能和能量密度，有效地改善 ZHSC 放电性能。例如，N 掺杂多孔碳，可以降低 C—O—H 和 Zn^{2+} 之间的化学吸附能垒，有效促进 Zn^{2+} 在电极表面的化学吸附。具有较高电负性的 N 原子使得 C—O—H 中的 H 原子具有较低的电子密度，有利于放电过程中 C—O—Zn 的形成。人们以 NaY 沸石为模板，糠醇为碳源，采用等静压辅助浸渍工艺在 NH$_3$ 气氛下热处理制备了一种 N 掺杂的多级多孔碳（HNPC）。与 PC 相比，在高温 NH$_3$ 腐蚀下，HNPC 中嵌入了 N 掺杂剂和微孔互联的层次孔结构。将其用作 ZHSCs 电极材料，电化学性能远高于普通的多孔碳材料。在 4.2A·g^{-1} 电流密度下，具有 177.8mA·h·g^{-1} 的放电比容量。在 16.7A·g^{-1} 电流密度下循环 20000 次，仍具有 99.7% 的容量保持率。

近年来，以生物质为前驱体，制备杂原子掺杂的多孔碳是一个重要的研究方向。天然生物质中不仅含有丰富的碳源，还含有多种杂原子（如 N、S、P），可以实现多孔碳中杂原子原位掺杂。并且，得益于天然生物质精细而不稳定的结构，碳化后可以直接得到结构精细的多孔碳。人们曾尝试将铅笔屑经 KOH 活化，使其管状结构被腐蚀扩张，形成具有丰富纳米孔的 PC。由于其独特的多孔结构和高比表面积，组装的 ZHSCs 可以获得良好的电化学性能，在质量载荷高达 24mg·cm^{-2} 的情况下也可以稳定工作。还有研究者尝试将甘蔗渣和椰子壳生物质混合制成分级多孔碳（HPC）作为 ZHSCs 正极材料。采用不同组成的生物质可以衍生出具有不同结构特征的 PC。由富含纤维素的甘蔗渣制备的 PC 具有丰富的孔隙结构、大表面积，但电导率较差。由富含木质素的椰子壳制备的 PC 石墨化程度较好，电导率较高，但孔隙率较低。将两者优势结合制备的 HPC 材料，在 ZHSCs 中具有优异的表现。在 0.1A·g^{-1} 电流密度下，具有 305mA·h·g^{-1} 的放电比容量，在 2A·g^{-1} 电流密度下，循环 20000 次仍具有 94.9% 的容量保持率。

4.5 基于混合机理的新型锌基电池体系

4.5.1 锌镍-锌空混合体系

锌空气电池能量密度高、放电电压平稳，但是功率密度较低。锌镍电池具有电压高、可高倍率放电特性，可以在短时间内进行大电流放电，在新能源汽车领域的应用具有很大优势。结合两种电池的优势，在锌镍电池的基础上引入锌空气电池，组成锌镍-锌空混合电池，可以弥补两种电池各自存在的缺陷，为动力电池的发展提供一种全新思路。

锌镍-锌空混合电池是将锌镍电池和锌空气电池在单体水平上组合起来，采用一种复合电极实现两种电池的特性，降低了电池单体电池的连接数量。该类混合电池既具有锌镍电池的高电压、可大电流放电特性，还具有锌空气电池的高能量密度。锌镍-锌空混合电池的反应机理如下。

正极反应：

$$NiOOH + H_2O + e^- \Longleftrightarrow Ni(OH)_2 + OH^- \tag{4-111}$$

$$\frac{1}{2}O_2 + H_2O + 2e^- \Longleftrightarrow 2OH^- \tag{4-112}$$

负极反应：

$$2Zn + O_2 \Longleftrightarrow 2ZnO \tag{4-113}$$

在锌镍-锌空混合电池中正极的 $Ni(OH)_2$ 经历了可逆的氧化还原反应和可逆的氧还原和氧析出反应。锌镍电池正极发生氧化还原反应，具有快速的反应动力学，可以在较窄的电压窗口内产生可逆的电容电流，使得该体系具有高的工作电压和大的电流密度。锌空气电池正极活性物质是氧气，理论上可以无限使用，使得该混合体系的极限容量取决于锌负极的装载量。锌镍-锌空混合电池在组成上与锌空气电池相似，采用金属锌作为负极材料，碱性溶液为电解液，$Ni(OH)_2$ 用作锌镍电池正极材料和锌空气电池的催化剂，该混合电池结构如图 4-16 所示。人们以自组装成介孔球的 $NiO/Ni(OH)_2$ 纳米片作为活性电极材料，对锌镍－锌空混合电池的概念进行了验证[83]。混合电池具有 $14000W \cdot L^{-1}$（$2700W \cdot kg^{-1}$）的功率密度，$980W \cdot h \cdot kg^{-1}$ 的能量密度，显著优于锌镍和锌空气单体电池。

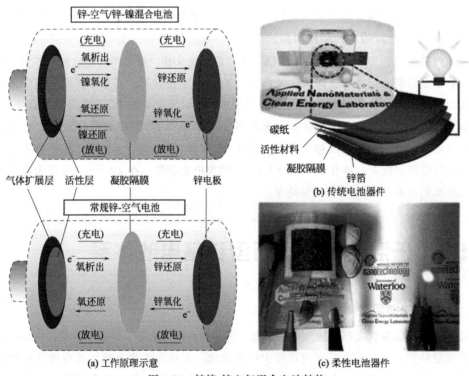

图 4-16　锌镍-锌空气混合电池结构

4.5.2 锌银-锌空混合体系

锌银电池是目前成熟的电池系统之一，它既可以应用于小尺寸器件（如手表），也可以应用于大尺寸设备（如军事、航空航天领域），是高性能、安全、环保的电源。但是，锌枝晶的形成、隔膜的降解、高充电电压（$1.7V$ vs. Zn/Zn^{2+}）下氧气的释放，不仅会影响 Ag

的充电效率，还会带来安全隐患。这种密闭电池系统容量的有限性促使了金属空气电池系统的发展。人们开发了一种 Zn-Ag 和 Zn 空气电池的混合体系，可以有效提高锌银电池充放电性能。其中 Ag 首先在 Zn-Ag 反应区作为活性反应物，然后在 Zn 空气反应区发挥有效的 ORR 催化剂的作用。在两个电极上，相应的电化学反应可以描述如下。

正极反应：

$$2AgO + H_2O + 2e^- \Longrightarrow Ag_2O + 2OH^- \ (E = 0.61V \ vs. \ SHE) \tag{4-114}$$

$$Ag_2O + H_2O + 2e^- \Longrightarrow 2Ag + 2OH^- \ (E = 0.34V \ vs. \ SHE) \tag{4-115}$$

$$O_2 + 2H_2O + 4e^- \Longrightarrow 4OH^- \ (E = 0.40V \ vs. \ SHE) \tag{4-116}$$

负极反应：

$$Zn + 4OH^- \Longrightarrow Zn(OH)_4^{2-} + 2e^- \ (E = -1.25V \ vs. \ SHE) \tag{4-117}$$

锌银电池电极反应具有高的放电电压，使得混合体系具有高能量密度和功率密度，提高了能源转化效率；锌空气电池的半开启特性解决了传统锌银电池的析氧问题，可以大大提高循环稳定性，混合电池具有两种电池系统的独特优势。为了验证这个概念的可行性，有研究者采用锌沉积碳布作为负极，Ag 和 RuO$_2$ 纳米颗粒修饰的碳纳米管（RuO$_2$/CNT）作为正极材料，构建了一种使用碱性电解质溶液的锌银-锌空混合电池体系，如图 4-17 所示。

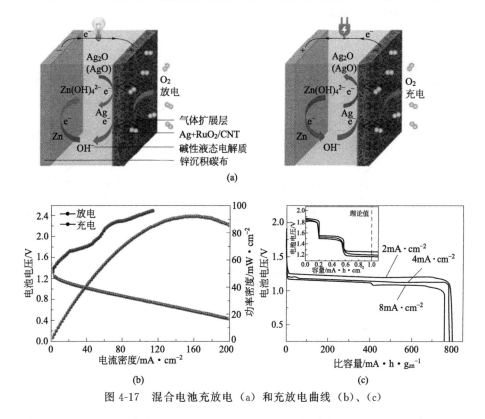

图 4-17　混合电池充放电（a）和充放电曲线（b）、（c）

混合电池在放电过程首先出现 1.85V 和 1.53V 两个高放电电压平台，这个是锌银电池的放电过程。然后形成的银粒子作为有效的 ORR 催化剂，出现锌空气电池的放电电压平台为 1.25V。结合锌银反应的电压和锌空气反应的容量，能量密度可达为 944W·h·kg^{-1}。该混合电池的半开式结构解决了传统锌银电池的析氧问题，具有优良的可逆性和稳定性。在

$10mA \cdot cm^{-2}$ 电流密度下，混合电池在循环 100 次后可保持 68％的高能量效率和近 100％的容量保留率，优于传统的锌空气电池或锌银电池。锌银-锌空混合电池具有优异的性能，可归功于两种不同电池系统的电化学反应的整合[84]。

4.5.3 锌离子电容器-锌空混合体系

人们在温和电解质中将锌离子超级电容器与锌空气电池结合，构建了一种新型的混合储能装置（图 4-18）[85]。以缺陷丰富、表面积大、含氧官能团丰富的还原氧化石墨烯作为活性材料，该材料表现出了电容和电池两种电荷存储机制。除了阴离子在石墨烯表面的物理吸附/解吸外，电解液中的锌离子在充放电过程中还会以电化学方式吸附/解吸到石墨烯的含氧基团上，为器件提供额外的电容。此外，石墨烯中的缺陷还将通过在空气中催化氧还原反应进一步提高储能装置的电化学性能。在 $0.1A \cdot g^{-1}$ 的电流密度下，这种混合器件的协同效应使得电容可以达到 $370.8F \cdot g^{-1}$，高于锌离子超级电容器。在 $5A \cdot g^{-1}$ 的高电流密度下，该混合器件在充放电 10000 次后仍能保持 94.5％的电容。并且，这种混合装置耗尽电能后在空气环境中可以自动充电。其他电极材料如碳纳米管纸也被用于构建混合器件来验证这一策略的可行性。这种简便、绿色的策略为开发高性能存储器件提供了新的思路，在温和电解液混合储能器件中具有广阔的应用前景。

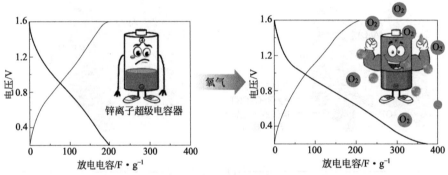

图 4-18 锌离子电容器-锌空混合装置放电性能

参考文献

[1] 管从胜，杜爱玲，杨玉国.高能化学电源.北京：化学工业出版社，2005.

[2] 陈军，陶占良，苟兴龙.化学电源：原理、技术与应用.北京：化学工业出版社，2006.

[3] 李灵桐，臧晓蓓，曹宁.锌锰二次电池研究进展.材料导报，2019，33(19)：3210-3218.

[4] Zhong C，Liu B，Ding J，et al. Decoupling electrolytes towards stable and high-energy rechargeable aqueous zinc-manganese dioxide batteries. Nature Energy，2020，5（6）：440-449.

[5] Xu F，Wang T，Li W，et al. Preparing ultra-thin nano-MnO_2 electrodes using computer jet-printing method. Chemical Physics Letters，2003，375(1/2)：247-251.

[6] Cheng F，Zhao J，Song W，et al. Facile controlled synthesis of MnO_2 nanostructures of novel shapes and their application in batteries. Inorganic Chemistry，2006，45(5)：2038-2044.

[7] Xu D，Li B，Wei C，et al. Preparation and characterization of MnO_2/acid-treated CNT nanocomposites for energy storage with zinc ions. Electrochimica Acta，2014，133：254-261.

[8] Jin Y，Chen H，Chen M，et al. Graphene-patched CNT/MnO_2 nanocomposite papers for the electrode of high-performance flexible asymmetric supercapacitors. ACS Applied Materials & Interfaces，2013，5(8)：3408-3416.

[9] Pan C，Gu H，Dong L. Synthesis and electrochemical performance of polyaniline@MnO_2/graphene ternary composites for electrochemical supercapacitors. Journal of Power Sources，2016，303：175-181.

[10] Yadav G G，Gallaway J W，Turney D E，et al. Regenerable Cu-intercalated MnO_2 layered cathode for highly cyclable energy dense batteries. Nature Communications，2017，8(1)：1-9.

[11] Song M K，Cheng S，Chen H，et al. Anomalous pseudocapacitive behavior of a nanostructured，mixed-valent manganese oxide film for electrical energy storage. Nano Letters，2012，12(7)：3483-3490.

[12] 杨建锋. 锌镍电池正极材料镍铝层状双氢氧化物的制备，结构与性能. 广州：华南理工大学，2010.

[13] Lai S B，Jamesh M I，Wu X C，et al. A promising energy storage system：rechargeable Ni-Zn battery. Rare Metals，2017，36(5)：381-396.

[14] 王江林，徐学良，丁青青，等. 锌镍电池在储能技术领域中的应用及展望. 储能科学与技术，2019，8(3)：506-511.

[15] 侯立松. 锌镍电池及其正极材料研究. 长沙：中南大学，2005.

[16] Zhang H，Wang R，Lin D，et al. Ni-based nanostructures as high-performance cathodes for rechargeable Ni-Zn battery. ChemNanoMat，2018，4(6)：525-536.

[17] 吕祥. 锌镍电池正极材料氢氧化镍研究. 昆明：昆明理工大学，2017.

[18] Xu C，Liao J，Yang C，et al. An ultrafast，high capacity and superior longevity Ni/Zn battery constructed on nickel nanowire array film. Nano Energy，2016，30：900-908.

[19] Gong M，Li Y，Zhang H，et al. ultrafast high-capacity NiZn battery with NiAlCo-layered double hydroxide. Energy & Environmental Science，2014，7(6)：2025-2032.

[20] 李媛，赵宇翔，吴清真，等. 锌镍电池及其 α-$Ni(OH)_2$ 正极材料的研究. 电源技术，2016，40(12)：2489-2491.

[21] Wu H，Xu M，Wu H，et al. Aligned NiO nanoflake arrays grown on copper as high capacity lithium-ion battery anodes. Journal of Materials Chemistry，2012，22(37)：19821-19825.

[22] Wang X，Li M，Wang Y，et al. A Zn-NiO rechargeable battery with long lifespan and

high energy density. Journal of Materials Chemistry A，2015，3(16)：8280-8283.

［23］ Liu J，Guan C，Zhou C，et al. A flexible quasi-solid-state nickel-zinc battery with high energy and power densities based on 3D electrode design. Advanced Materials，2016，28 (39)：8732-8739.

［24］ Zeng Y，Meng Y，Lai Z，et al. An ultrastable and high-performance flexible fiber-shaped Ni-Zn battery based on a Ni-NiO heterostructured nanosheet cathode. Advanced Materials，2017，29(44)：1702698.

［25］ Zhang H，Zhang X，Li H，et al. Flexible rechargeable Ni//Zn battery based on self-supported $NiCo_2O_4$ nanosheets with high power density and good cycling stability. Green Energy & Environment，2018，3(1)：56-62.

［26］ Hu P，Wang T，Zhao J，et al. Ultrafast alkaline Ni/Zn battery based on Ni-foam-supported Ni_3S_2 nanosheets. ACS Applied Materials & Interfaces，2015，7(48)：26396-26399.

［27］ 徐刚. 锌银电池消除高坪阶电压后大电流密度放电的研究. 天津：天津大学，2014.

［28］ 张瑞阁，刘孟峰，李海伟. 锌银电池银电极的性能特点和研究现状. 电源技术，2015，39(11)：4.

［29］ Li C，Zhang Q，Songfeng E，et al. An ultra-high endurance and high-performance quasi-solid-state fiber-shaped $Zn-Ag_2O$ battery to harvest wind energy. Journal of Materials Chemistry A，2019，7(5)：2034-2040.

［30］ Liang G，Mo F，Wang D，et al. Commencing mild Ag-Zn batteries with long-term stability and ultra-flat voltage platform. Energy Storage Materials，2020，25：86-92.

［31］ Stamenkovic V R，Fowler B，Mun B S，et al. Improved oxygen reduction activity on Pt_3Ni(111) via increased surface site availability. Science，2007，315(5811)：493-497.

［32］ Chen C，Kang Y，Huo Z，et al. Highly crystalline multimetallic nanoframes with three-dimensional electrocatalytic surfaces. Science，2014，343(6177)：1339-1343.

［33］ Liu J，Bak J，Roh J，et al. Reconstructing the coordination environment of platinum single-atom active sites for boosting oxygen reduction reaction. ACS Catalysis，2020，11(1)：466-475.

［34］ Mao L，Zhang D，Sotomura T，et al. Mechanistic study of the reduction of oxygen in air electrode with manganese oxides as electrocatalysts. Electrochimica Acta，2003，48 (8)：1015-1021.

［35］ Meng Y，Song W，Huang H，et al. Structure-property relationship of bifunctional MnO_2 nanostructures：highly efficient，ultra-stable electrochemical water oxidation and oxygen reduction reaction catalysts identified in alkaline media. Journal of the American Chemical Society，2014，136(32)：11452-11464.

［36］ Xu N，Nie Q，Luo L，et al. Controllable hortensia-like MnO_2 synergized with carbon nanotubes as an efficient electrocatalyst for long-term metal-air batteries. ACS Applied

Materials & Interfaces，2018，11(1)：578-587.

[37] Han X，He G，He Y，et al. Engineering catalytic active sites on cobalt oxide surface for enhanced oxygen electrocatalysis. Advanced Energy Materials，2018，8(10)：1702222.

[38] Cheng F，Shen J，Peng B，et al. Rapid room-temperature synthesis of nanocrystalline spinels as oxygen reduction and evolution electrocatalysts. Nature Chemistry，2011，3(1)：79-84.

[39] de Koninck M，Marsan B. $Mn_x Cu_{1-x} Co_2 O_4$ used as bifunctional electrocatalyst in alkaline medium. Electrochimica Acta，2008，53(23)：7012-7021.

[40] Chen C F，King G，Dickerson R M，et al. Oxygen-deficient $BaTiO_{3-x}$ perovskite as an efficient bifunctional oxygen electrocatalyst. Nano Energy，2015，13：423-432.

[41] Zhu Y，Zhou W，Yu J，et al. Enhancing electrocatalytic activity of perovskite oxides by tuning cation deficiency for oxygen reduction and evolution reactions. Chemistry of Materials，2016，28(6)：1691-1697.

[42] Zheng X，Han X，Cao Y，et al. Identifying dense $NiSe_2$/$CoSe_2$ heterointerfaces coupled with surface high-valence bimetallic sites for synergistically enhanced oxygen electrocatalysis. Advanced Materials，2020，32(26)：2000607.

[43] Yang H B，Miao J，Hung S F，et al. Identification of catalytic sites for oxygen reduction and oxygen evolution in N-doped graphene materials：development of highly efficient metal-free bifunctional electrocatalyst. Science Advances，2016，2(4)：e1501122.

[44] Zheng X，Wu J，Cao X，et al. N-，P-，and S-doped graphene-like carbon catalysts derived from onium salts with enhanced oxygen chemisorption for Zn-air battery cathodes. Applied Catalysis B：Environmental，2019，241：442-451.

[45] Wang Q，Lei Y，Chen Z，et al. Fe/$Fe_3 C$@C nanoparticles encapsulated in N-doped graphene-CNTs framework as an efficient bifunctional oxygen electrocatalyst for robust rechargeable Zn-air batteries. Journal of Materials Chemistry A，2018，6(2)：516-526.

[46] Han X，Ling X，Yu D，et al. Atomically dispersed binary Co-Ni sites in nitrogen-doped hollow carbon nanocubes for reversible oxygen reduction and evolution. Advanced Materials，2019，31(49)：1905622.

[47] Han X，Ling X，Wang Y，et al. Spatial isolation of zeolitic imidazole frameworks-derived cobalt catalysts：from nanoparticle，atomic cluster to single atom. Angewandte Chemie，2019，58：5359-5364.

[48] Yang H，Qiao Y，Chang Z，et al. A metal-organic framework as a multifunctional ionic sieve membrane for long-life aqueous zinc-iodide batteries. Advanced Materials，2020，32(38)：2004240.

[49] Ma L，Ying Y，Chen S，et al. Electrocatalytic iodine reduction reaction enabled by aqueous zinc-iodine battery with improved power and energy densities. Angewandte Chemie，2021，133(7)：3835-3842.

[50] Li X，Li M，Huang Z，et al. Activating the I^0/I^+ redox couple in an aqueous I_2-Zn

battery to achieve a high voltage plateau. Energy & Environmental Science, 2021, 14 (1): 407-413.

[51] Li W, Wang K, Jiang K. A low cost aqueous Zn-S battery realizing ultrahigh energy density. Advanced Science, 2020, 7(23): 2000761.

[52] Xu C, Li B, Du H, et al. Energetic zinc ion chemistry: the rechargeable zinc ion battery. Angewandte Chemie, 2012, 124(4): 957-959.

[53] Lee B, Yoon C S, Lee H R, et al. Electrochemically-induced reversible transition from the tunneled to layered polymorphs of manganese dioxide. Scientific Reports, 2014, 4 (1): 1-8.

[54] Zhao Q, Chen X, Wang Z, et al. Unravelling H^+/Zn^{2+} synergistic intercalation in a novel phase of manganese oxide for high-performance aqueous rechargeable battery. Small, 2019, 15(47): 1904545.

[55] Pan H, Shao Y, Yan P, et al. Reversible aqueous zinc/manganese oxide energy storage from conversion reactions. Nature Energy, 2016, 1(5): 1-7.

[56] Chen X, Wang L, Li H, et al. Porous V_2O_5 nanofibers as cathode materials for rechargeable aqueous zinc-ion batteries. Journal of Energy Chemistry, 2019, 38: 20-25.

[57] Zhang N, Dong Y, Jia M, et al. Rechargeable aqueous $Zn-V_2O_5$ battery with high energy density and long cycle life. ACS Energy Letters, 2018, 3(6): 1366-1372.

[58] Yan M, He P, Chen Y, et al. Water-lubricated intercalation in $V_2O_5 \cdot nH_2O$ for high-capacity and high-rate aqueous rechargeable zinc batteries. Advanced Materials, 2018, 30(1): 1703725.

[59] Ming F, Liang H, Lei Y, et al. Layered $Mg_xV_2O_5 \cdot nH_2O$ as cathode material for high-performance aqueous zinc ion batteries. ACS Energy Letters, 2018, 3(10): 2602-2609.

[60] Kundu D, Adams B D, Duffort V, et al. A high-capacity and long-life aqueous rechargeable zinc battery using a metal oxide intercalation cathode. Nature Energy, 2016, 1(10): 1-8.

[61] Park J S, Jo J H, Aniskevich Y, et al. Open-structured vanadium dioxide as an intercalation host for Zn ions: investigation by first-principles calculation and experiments. Chemistry of Materials, 2018, 30(19): 6777-6787.

[62] Liu C, Neale Z, Zheng J, et al. Expanded hydrated vanadate for high-performance aqueous zinc-ion batteries. Energy & Environmental Science, 2019, 12(7): 2273-2285.

[63] Li G, Yang Z, Jiang Y, et al. Towards polyvalent ion batteries: a zinc-ion battery based on NASICON structured $Na_3V_2(PO_4)_3$. Nano Energy, 2016, 25: 211-217.

[64] Li W, Wang K, Cheng S, et al. A long-life aqueous Zn-ion battery based on $Na_3V_2(PO_4)_2F_3$ cathode. Energy Storage Materials, 2018, 15: 14-21.

[65] He P, Yan M, Zhang G, et al. Layered VS_2 nanosheet-based aqueous Zn ion battery cathode. Advanced Energy Materials, 2017, 7(11): 1601920.

[66] Qin H, Yang Z, Chen L, et al. A high-rate qqueous rechargeable zinc ion battery based

on the VS_4 @ rGO nanocomposite. Journal of Materials Chemistry A, 2018, 6(46): 23757-23765.

[67] Huang Y, Mou J, Liu W, et al. Novel insights into energy storage mechanism of aqueous rechargeable Zn/MnO_2 batteries with participation of Mn^{2+}. Nano-Micro Letters, 2019, 11(1): 1-13.

[68] Guo X, Zhou J, Bai C, et al. Zn/MnO_2 battery chemistry with dissolution-deposition mechanism. Materials Today Energy, 2020, 16: 100396.

[69] Islam S, Alfaruqi M H, Mathew V, et al. Facile synthesis and the exploration of the zinc storage mechanism of β-MnO_2 nanorods with exposed (101) planes as a novel cathode material for high performance eco-friendly zinc-ion batteries. Journal of Materials Chemistry A, 2017, 5(44): 23299-23309.

[70] Li Y, Wang S, Salvador J R, et al. Reaction mechanisms for long-life rechargeable Zn/MnO_2 batteries. Chemistry of Materials, 2019, 31(6): 2036-2047.

[71] Guo C, Liu H, Li J, et al. Ultrathin δ-MnO_2 nanosheets as cathode for aqueous rechargeable zinc ion battery. Electrochimica Acta, 2019, 304: 370-377.

[72] Liu Z, Pulletikurthi G, Endres F. A prussian blue/zinc secondary battery with a bio-ionic liquid-water mixture as electrolyte. ACS Applied Materials & Interfaces, 2016, 8(19): 12158-12164.

[73] Trócoli R, La Mantia F. An aqueous zinc-ion battery based on copper hexacyanoferrate. ChemSusChem, 2015, 8(3): 481-485.

[74] Zhang L, Chen L, Zhou X, et al. Morphology-dependent electrochemical performance of zinc hexacyanoferrate cathode for zinc-ion battery. Scientific Reports, 2015, 5(1): 1-11.

[75] Chae M S, Heo J W, Lim S C, et al. Electrochemical zinc-ion intercalation properties and crystal structures of $ZnMo_6S_8$ and $Zn_2Mo_6S_8$ chevrel phases in aqueous electrolytes. Inorganic Chemistry, 2016, 55(7): 3294-3301.

[76] Liu W, Hao J, Xu C, et al. Investigation of zinc ion storage of transition metal oxides, sulfides, and borides in zinc ion battery systems. Chemical Communications, 2017, 53(51): 6872-6874.

[77] Li H, Yang Q, Mo F, et al. MoS_2 nanosheets with expanded interlayer spacing for rechargeable aqueous Zn-ion batteries. Energy Storage Materials, 2019, 19: 94-101.

[78] Zhao Q, Huang W, Luo Z, et al. High-capacity aqueous zinc batteries using sustainable quinone electrodes. Science Advances, 2018, 4(3): 1761.

[79] Liu Q, Zhang H, Xie J, et al. Recent progress and challenges of carbon materials for Zn-ion hybrid supercapacitors. Carbon Energy, 2020, 2(4): 521-539.

[80] Wang H, Wang M, Tang Y. A novel zinc-ion hybrid supercapacitor for long-life and low-cost energy storage applications. Energy Storage Materials, 2018, 13: 1-7.

[81] Wu S, Chen Y, Jiao T, et al. An aqueous Zn-ion hybrid supercapacitor with high

energy density and ultrastability up to 80000 cycles. Advanced Energy Materials，2019，9(47)：1902915.

[82] Zheng Y，Zhao W，Jia D，et al. Porous carbon prepared via combustion and acid treatment as flexible zinc-ion capacitor electrode material. Chemical Engineering Journal，2020，387：124161.

[83] Lee D U，Fu J，Park M G，et al. Self-assembled $NiO/Ni(OH)_2$ nanoflakes as active material for high-power and high-energy hybrid rechargeable battery. Nano Letters，2016，16(3)：1794-1802.

[84] Tan P，Chen B，Xu H，et al. Integration of Zn-Ag and Zn-air batteries：a hybrid battery with the advantages of both. ACS Applied Materials & Interfaces，2018，10(43)：36873-36881.

[85] Sun G，Xiao Y，Lu B，et al. Hybrid energy storage device：combination of zinc-ion supercapacitor and zinc-air battery in mild electrolyte. ACS Applied Materials & Interfaces，2020，12(6)：7239-7248.

第 5 章

水系锌基电池结构及封装

结构设计和封装工艺是电池生产制作中至关重要的一环，水系锌基电池也不例外。优良的电池结构和封装直接决定了水系锌基电池单体使用时的电化学性能、安全性、寿命等，同时也极大影响真实使用场景下电池模组的一致性、可靠性、系统管理模式等。本章首先概述了电池封装结构的基本概念以及重要性，然后围绕锂离子电池等传统二次电池，对典型的圆柱电池、方形硬壳电池、软包电池的电池结构和封装工艺的特点以及优劣进行系统阐述。在此基础上，介绍关于水系锌基电池封装结构的最新研究进展，包括新型的方形硬壳锌空气电池封装结构，以及处于当前研究前沿的应用于柔性电子器件的柔性薄膜电池、纤维电池等的封装结构。

5.1 电池封装结构的概念及重要性

电池封装的目的是将电芯与外界环境完全地隔绝开来，以排除一切有可能影响电芯功能的水分、空气渗入以及电解液外漏等问题。电池作为各种电子电器设备的核心部件，其封装结构（电池的"外衣"）的重要性不言而喻，而在电池制作中至关重要的一环也正是封装，良好的电池封装直接决定了电池的安全性及寿命。以锂离子电池电芯的生产过程为例，如图 5-1 流程图所示，锂化合物正极活性材料、炭黑等与黏结剂混合制浆，涂覆在集流体上，正极浆料涂覆于铝箔，碳负极材料涂覆在铜箔上，经烘干、辊压制成电极片，正负极片之间插入微孔聚丙烯薄膜等作为隔离层，卷绕或者叠片成圆柱状或矩形，装入电池壳，经焊接引出正负极，加入电解质溶液后，化成，抽气，封口，即成为单体电池[1]。其中，电池的封装需要满足耐跌落、耐撞击、耐振动、耐挤压穿刺等机械冲击，此外还需要满足化学方面的浸泡要求，温度方面的耐高低温、防火阻燃、热管理等要求，以及设计方面的轻量化、走线布局等要求。由此看来，电池封装工艺的门槛其实并不低。因此，选择一种最优的电池壳体材料，并根据壳体材料的特性选择最优的封装工艺成为热点研究课题。

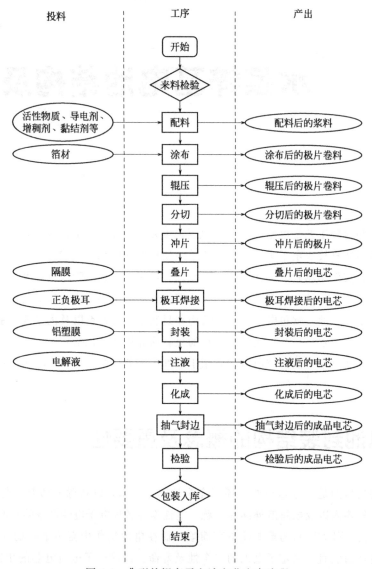

投料　　　　　　　　　工序　　　　　　　　产出

开始

来料检验

活性物质、导电剂、
增稠剂、黏结剂等 → 配料 → 配料后的浆料

箔材 → 涂布 → 涂布后的极片卷料

辊压 → 辊压后的极片卷料

分切 → 分切后的极片卷料

冲片 → 冲片后的极片

隔膜 → 叠片 → 叠片后的电芯

正负极耳 → 极耳焊接 → 极耳焊接后的电芯

铝塑膜 → 封装 → 封装后的电芯

电解液 → 注液 → 注液后的电芯

化成 → 化成后的电芯

抽气封边 → 抽气封边后的成品电芯

检验 → 检验后的成品电芯

包装入库

结束

图 5-1　典型的锂离子电池电芯生产流程

5.2 传统二次电池的封装结构

　　目前常说的"电池包"和"动力电池组"（如图 5-2 所示）并非单一电池体，而是由若干个电芯（单体电池）、导电排、采样单元和一些必要的结构支撑部件集成在一起构成的一个组合模块。而电芯（单体电池）本身也有各种不同的形式。目前动力电池的三种重要封装结构包括圆柱绕卷型、方形卷绕式和方形层叠式。三种制造工艺对

图 5-2　封装的动力电池组

应三种电池构型，圆柱绕卷型对应圆柱电池，方形卷绕式对应方形硬壳电池，方形层叠式对应软包电池。不同的电池封装结构会带来不同的电芯特性。

5.2.1 圆柱电池

圆柱电池是一种经典的电池构型。最早的圆柱形锂电池是日本索尼公司于 1992 年发明的 18650 锂电池。18650 代表电池的型号，18 代表电池直径，65 则代表电池的高度，0 则是代表圆柱电池，其市场普及率相当高。典型的圆柱形电池结构如图 5-3 所示，包括正极盖、安全阀、PTC 元件、垫片、正极、负极、隔膜/电解液和壳体等。圆柱卷绕式的优点包括生产效率高、循环性能优越，可快速充放电、输出功率很大，而且电池的一致性也很高，封装成电池包后整体稳定性也更佳；缺点包括圆柱外形导致的空间利用率低，径向导热差导致的温度分布问题等，所以电池的卷绕圈数不能太多（18650 电池的卷绕圈数一般在 20 圈左右）。因此单体容量较小，常见容量为 1200～3300mA·h，若应用在电动汽车上则需要将大量的单体电池组成"电池包"和"动力电池组"来满足电动汽车更高的用电量，损耗和管理复杂度也会大大增加。但多年来，日本厂商在 18650 的生产工艺上积累了大量的经验，使得 18650 电池的一致性、安全性都达到了非常高的水准。特斯拉公司是应用 18650 电芯作为新能源电动车电池技术路线的典型代表。在进行电动车电池开发时，他们测试了很多种类型的电池，但是最后把目标锁定在 18650 电池。他们开发了一套可管理 6000 多节单体电池且一致性很好的电池系统，即使单体电池数目非常多，但是如果这些电池是一致、安全、可靠的，管理起来就容易一些。

总的来说，18650 圆柱形电池的单体容量小，应用在电动汽车上时所需单体数量会很多，但是一致性很好。而层叠式电池尽管容量可以较大，单体数量可以降低，但是一致性较差。此外，圆柱电池的外形看上去虽然简单，但是内在设计并不简单，电池设计涉及电化学、热电、机械等诸多领域的复杂问题，对电池设计人员提出很高的要求。

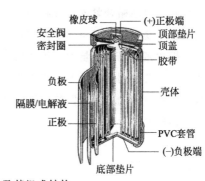

图 5-3　圆柱形电池及其组成结构

5.2.2 方形硬壳电池

方形硬壳电池（见图 5-4）壳体多为铝合金、不锈钢等材料，因而对电芯的保护作用优于软包电池。电芯通过卷绕、Z 形叠片、卷绕＋叠片、正极薄膜叠片＋卷绕等方式制作，安全性相对于圆柱电池得到较大改善。方形硬壳电池结构简单，不像圆柱电池必须采用强度较高的不锈钢作为壳体及含有防爆安全阀等附件，所以整体质量轻，相对能量密度较高，容量

图5-4　方形硬壳电池

也较大。

方形硬壳电池的卷绕式工艺结合了方形层叠式的外观特征（但往往厚度更大）和圆柱卷绕式的极板制作方法，具有生产效率高、空间利用率高的优点，所以电池单体体积及容量也明显优于其他电池形式，电池能量密度也可以做得更高。同时，更大的单体体积及容量意味着封装成组后电池的数量降低，这又意味着对电池管理系统的要求可以大大降低。但方形硬壳电池的劣势在于，封装成组前，电池本身需要单独的外层硬质保护壳，因此电池包整体质量会大幅增加。同时，更高的空间利用率也意味着对冷却系统布置要求提高，还需要考虑壳体与电芯间的配合问题，这也将进一步提高电池包的设计成本。由此看来，这种类型的电池设计也是最为复杂的，需要考虑的设计变量非常多。

方形硬壳电池通常是根据产品要求的尺寸定制化生产，造成目前市场上方形电池型号众多，工艺统一困难，对于需要多只串并联使用的动力电池需要进一步研究优化。

5.2.3　软包电池

方形层叠式电池，即软包电池（见图5-5），与由单片的正负极片卷绕成型的卷绕式不同，它是由多层极片层叠而成。软包电池的包装材料和结构使其拥有很多优势：①安全性好。软包电池较少漏液，且在发生安全隐患的情况下软包电池会鼓气涨开，而不像硬壳电池内压过大导致爆炸。②极片薄，质量轻。铝塑膜包装的质量轻，因此软包电池质量较同等容量的钢壳方形硬壳电池轻40%，较铝壳电池轻20%，且抽真空后包装与电芯贴合紧密，有利于减少无效的质量和体积，易于组成模块和电池包，空间利用率高。③极片多，电池容量大。每片极片均有凸缘与极耳焊接在一起，极板上的电流密度分布

图5-5　软包电池

均匀性好。软包电池的容量较同等规格尺寸的钢壳电池容量高50%，较铝壳电池高20%～30%。④循环性好。软包电池的循环寿命更长，100次循环后衰减比铝壳少4%～7%。⑤内阻小。软包电池内阻较小，极大地降低电池的自耗电。⑥设计灵活。可根据客户需求定制外形，且可以做到更薄，普通铝壳只能做到4mm，软包可以做到0.5mm。软包电池的另一大优势就是可供模块化定制的丰富性更高，电池形状的想象空间更大，对放置空间及位置要求较低。

然而，由于软包电池电芯生产采用的是叠片工艺，而非方形电池电芯通常采用的卷绕方式，在叠片模切过程中，传统五金模切机往往使冲切断面出现毛刺（极片毛刺是指极片冲切产生的断面基材拉伸弯曲），从而导致极片质量不好，严重影响成品电池安全性能，同时在复杂的使用环境下，冲切时残留的粉尘容易造成电池内部短路，轻则缩短电池寿命，重则导致电池出现安全问题。因此在软包电池的生产制备过程中控制极片毛刺和粉尘显得尤为重

要，解决方案可以从以下几个方面着手：a.优化现有模具结构，提高模具制造和装配精度；b.选用激光模切工艺；c.采用模切叠片一体机，在极片冲切完之后直接进入叠片平台，避免极片和料盒的碰撞和摩擦，彻底解决极片不良的潜在风险。

除此之外，限制软包电池发展的因素还有成本和一致性问题。目前由于软包电池生产工艺尚不成熟，标准化程度较低，电池一致性较差，采用材质较软的铝塑膜使得电池自我保护性较差。此外，软包电池包的布局多为叠片式，即一片片软包电池竖直叠放在一起，所以布置电池热管理系统时就需要在每两片电池之间加一片冷却片，这样就增加了电池包的整体质量，也对设计布局有了更高的要求。不过这些劣势未来可以通过生产规模化、自动化，增强电池管理系统，提升铝塑膜质量等来消除。

5.2.4　三种电池封装结构的优劣对比

在目前的市场中，圆柱、方形、软包三种电池都有一定的使用比例，三者各有优劣，没有绝对的好坏之分。圆柱电池发展时间较长，成本较低，制造工艺更加成熟，同时也有固定的国际化标准来衡量其优劣。不过在电池质量以及能量密度方面，圆柱电池还有进一步的提升空间。方形硬壳电池坚硬的金属外壳使其具有很高的强度，对电芯的保护性好。虽然方形电池在标准化上很难与圆柱电池相媲美，但它存在的缺点可以通过个性化定制来消除，从而满足不同的需求。软包电池的发展得益于消费类电子向体积小、轻薄化发展的趋势。铝塑膜外壳的使用能在保证安全的同时使得电池质量更轻、容量更大并且具有很高的灵活性，缺点则是封装成本较高。总之，无论圆柱、方形，还是软包电池，目前能够快速发展是因为他们在各自擅长的应用领域都得到了很好的应用。

对三种电池的封装结构在技术特性上做如下对比分析：

a.电池形状。方形电池可以任意大小，软包电池可以做得更薄，而圆柱电池形状则是相对固定的。

b.倍率性能。由于圆柱电池焊接多极耳的工艺限制，所以倍率性能稍差于方形多极耳方案。

c.放电平台。采用相同的正极材料、负极材料、电解液，理论上放电平台是一致的，但是方形电池内阻稍占优势，所以放电平台稍高一点。

d.产品质量。圆柱电池非常成熟，极片共有二次分切，缺陷几率低，且卷绕工艺较叠片工艺的成熟度及自动化程度都要高，叠片工艺目前还在采用半手工方式，对于电池的品质存在不利影响。

e.极耳焊接。圆柱电池极耳较方形电池更易焊接，方形电池易产生虚焊影响电池品质。

f.封装成组。圆柱电池具有更易用的特点，所以封装成组方案更简单，散热效果好，方形电池封装成组时要解决好散热问题。

g.结构特点。方形电池边角处化学活性较差，长期使用后电池性能下降较为明显。

h.散热能力。层叠式电池的厚度小，表面大，均热散热能力都较好，采用被动式热管理系统，由空气的自然对流将热量带走。圆柱电池个头比较小，在正常充放电时单体电池内部的温差也不会太大。

i.能量密度。谈到能量密度，就必须区分单体电池的能量密度与电池组的能量密度。就单体电池能量密度来看，圆柱形 18650 电池要高于层叠式电池。但是 18650 电池的管理系统更为复杂，因此额外增加的质量会使得电池组的能量密度远低于单体能量密度。在电池组层次，两者能量密度相当。

j. 安全性。软包电池一般是采用铝塑膜封装的，但塑膜的厚度小，机械性能差，在汽车发生碰撞等极端条件下，铝塑膜很容易发生破损导致安全事故的产生，为此会加装二次封装结构，如在电池模块外面再加一个铝壳。圆柱形 18650 电池一般是钢壳，安全性更好，由于单体容量小，只要不发生蔓延，事故的严重程度将是较低的。

5.3 新型水系锌基电池的封装结构

5.3.1 方形电池封装结构

在水系锌基电池中，对锌空气电池的开发已经投入了大量的研究，迫切需要加快其商业化进程。锌空气电池的阴极活性反应物是大气中的氧气，可以储存在室外，直到电池放电[2,3]。当前的研究中广泛采用了纽扣型封装结构来生产高度优化的锌空气电池[4]。此外，还研制出了管式[5] 和平板式[6] 锌空气电池。但是，这些设计在商业化方面存在一些缺点。例如：虽然纽扣型在助听器上的应用已经商业化，但在消费类电子产品上的应用范围有限。管式电池仅为流体电池设计，限制了其应用范围，并不能用于大多数阳极类型（如锌箔）。平板式的密封效果尚不清楚，如果使用液体电解质，手工组装过程可能比较复杂，降低了批量生产的可能性。不难看出，封装结构的合理设计是锌空气电池商业化的关键，原因有四：其一，锌空气电池为半开式系统，容易发生电解液的泄漏和挥发，导致电池失效和电气设备的腐蚀。因此，在设计密封效果好的电池结构时，要求更加严格。其二，在实际应用中，应考虑电池的实际体积和质量，将能量密度归一化。因此，与其他商业电池相比，设计一个合适容量的电池结构可以提高能量密度。其三，与电解槽结构的锌空气电池（即烧杯电池）相比，整体配置与封装后的锌空气电池，才能真实反映实际应用中的工作状态。其四，优化后的电池整体可以为电池电极、电解液等单组分的研究提供现实的平台，从而极大地促进锌空气电池未来在电动汽车和储能电站的市场应用。

如图 5-6(a) 所示，已有文献中所采用的锌空气电池的封装结构大多是传统类型[7-10]，其封装结构的照片如图 5-6(b) 所示。传统的封装结构通过紧固对称的螺栓来固定阳极和阴极，在相邻的板间产生夹紧力，可以提供锌空气电池的三相反应界面，也可以作为锌空气电池组件或电池组相关研究的商业化模具。然而，传统封装结构下的锌空气电池在商业化过程中面临着一些现实的挑战：①采用大厚度、大高度的固定板配合高强度螺栓，虽达到良好的密封效果，但使电池的实际有效体积占电池总体积的比例相对较小；②手动操作时，易使不同螺栓产生的夹紧力不均匀，从而导致电解液从下方板的开封位置泄漏、渗漏；③电池堆由两个端板组成，在高强度螺栓的作用下将重复的电池单元固定，如图 5-6(c) 所示。因此，堆叠紧固螺栓的长度会随着串联电池数量的变化而变化，在不同的应用场景下，难以匹配正确的螺栓连接配件。

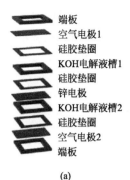

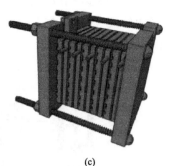

端板
空气电极1
硅胶垫圈
KOH电解液槽1
硅胶垫圈
锌电极
KOH电解液槽2
硅胶垫圈
空气电极2
端板

(a)　　　　　　　　(b)　　　　　　　　(c)

图 5-6　基于传统封装的电池组件（a）、电池（b）和电池堆（c）

目前，由天津大学钟澄、胡文彬等[11]研究出的一种易于组装的锌空气电池的生产方法体现出明显的优越性：与传统封装方式相比，电池本体采用内置机械紧固件代替螺栓，与防水硅胶环形成封闭的内部空间，组装方便，密封效果好，避免了电解液泄漏的风险；与纽扣型锌空气电池相比，该封装方案具有更广泛的应用前景，如可用于微电网中的电动汽车和储能设备；与管状结构相比，所提出的结构可适用于更多类型的阳极，如锌箔、锌海绵和锌粉阳极；与平板型装配相比，该装配工艺简单，适用于大批量生产中的机械装配。此外，所提出的组装方法可用于非流体电池和流体电池。电池各组成部分的原理图如图 5-7 所示。

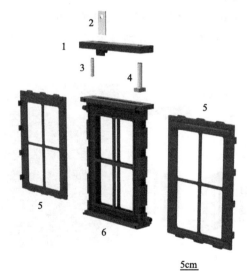

5cm

1—电池盖；2—金属板；3—M4 螺柱；4—方头螺栓；5—压板；6—电池本体

图 5-7　电池封装组件

此电池结构的安装步骤如下：a. 将 M4 螺柱和方头螺栓分别拧入电池本体顶部对应孔位（如图 5-8 中步骤Ⅰ所示）；b. 将硅胶环放置在电池本体两侧相应的凹槽上（图 5-8 中步骤Ⅱ）；c. 空气阴极放置在电池本体两侧的硅胶环上方，空气阴极顶部的集流体外露部分应与插在电池体中的方头螺栓接触（图 5-8 步骤Ⅲ）；d. 将压板压在电池两侧，通过电池本体上的机械紧固件固定空气阴极，形成封闭的内部空间（图 5-8 步骤Ⅳ）；e. 将上部硅胶环放置在电池顶部（图 5-8 中步骤Ⅴ）；f. 将金属板插入电池盖孔内，将锌阳极（60mm×123mm×1mm 大小的锌箔）从电池盖下方接起，将上述组件插入电池本体，并从电池本体上方盖住电池（图 5-8 中的步骤Ⅵ），然后将螺栓上的螺母拧紧，固定电池盖；g. 通过电池本体上的进液孔将电解液（9mol·L⁻¹ KOH）注入电池。在电池充满电解液时，用硅胶塞堵住进液孔和出液孔（图 5-8 步骤Ⅶ）。

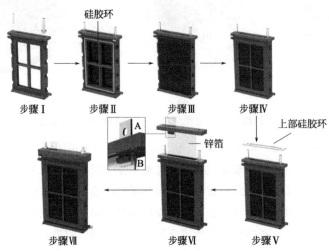

图 5-8　锌空气电池装配流程

除此之外，为了尽可能地消除螺栓对电池封装结构的影响，该团队还设计了一种组装方便、无螺栓、结构紧凑、密封效果良好的锌空气电池（boltless，compact zinc-air battery，BCZAB）结构[12]。图 5-9（a）和图 5-9（b）分别显示了该工作[13] 中开发的锌空气电池结构的原理图和实物照片。

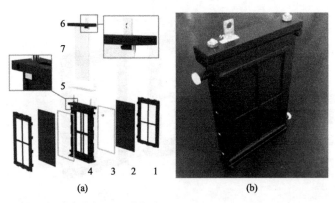

1—压板；2—空气电极；3—硅胶环；

4—电池体；5—上硅胶环；

6—电池盖；7—锌电极

图 5-9　BCZAB 组件(a)及封装后的 BCZAB 实物照片（b）

该电池封装的原理是压板通过电池本体上的机械紧固件固定空气电极，形成带有防水硅胶环的封闭内部空间。空气电极与导电铜正极柱的两侧接触，压板产生压力将空气电极紧紧地固定在正极柱上，形成内部密封的环境。锌箔（活性面积：110cm²；厚度：1mm）由与电池盖集成的负金属引线固定并压紧。负极与电池盖之间没有空隙，防止电解液漏入电池。图 5-10 所示为基于 BCZAB 的串联和并联的电池组。不同的单体电池通过电池本体上的连接孔相互固定，相邻的两极由螺母状结构的导电连接器电连接，直接固定在正负两极上。固定长度的导电连接器（如图5-10所示放大）可以灵活地串联或并联连接电池。

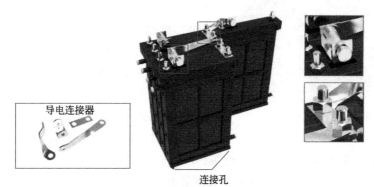

图5-10　串联和并联的锌空气蓄电池组

5.3.2　柔性电池封装结构

目前，随着智能穿戴设备的兴起和电子技术的快速发展，越来越多的电子设备正在向着轻薄化和柔性化的方向进行发展，如可穿戴系统、生物植入系统和机器人元件中的关节等[13-16]。然而传统的电池太过笨重，无法方便地为形状和尺寸受到严格限制的柔性穿戴设备进行供电，因此，为可伸缩/柔性电子设备供电，并实现集成的电子系统，可伸缩和柔性储能装置是必不可少的。同时，随电子设备对长寿命电源需求的增加，对可伸缩、柔性、高能量密度的储能设备的快速发展也提出了要求。到目前为止，各种可伸缩和柔性的储能装置，如电化学超级电容器[17,18]、碱性电池[19,20]和锂离子电池[21,22]已经被开发出来。

柔性电池目前存在两大主流研究方向：薄膜电池和纤维电池。尽管目前对柔性电池的研究如火如荼，但在电池功率、寿命、厚度、成本、充电周期、可靠性、柔性等方面都有待改善以符合产品和应用环境要求。

5.3.2.1　薄膜电池

目前各公司开发的薄膜电池包括柔性锌电池、柔性锂离子电池。柔性电池多采用印刷生产工艺，将纳米功能材料薄层打印在柔性基底上，并结合智能柔性封装技术，制备出超薄电池产品。其产品核心技术包括基于碳纳米颗粒的集流体及电极、凝胶半固态电解质、印刷油墨配方、全自动卷对卷印刷生产技术以及柔性封装技术等。

浙江大学吴永志等[23]曾在2018年发明了一种柔性可拉伸锌电池及其制备方法，其制备过程包括：a.在处于预拉伸状态的弹性基底上镀导电集流层（图5-11中1）；b.在导电集流层上负载活性材料层，形成正电极和负电极（图5-11中2）；c.分别在正电极和负电极的表面包覆凝胶状电解质（图5-11中3）；d.采用柔性可拉伸封装材料（图5-11中4）将包覆有凝胶状电解质的正电极和负电极封装，得到所述柔性可拉伸锌电池。

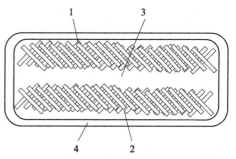

图5-11　薄膜型柔性可拉伸锌电池的结构

图 5-12 PDMS 膜

利用该发明制备了薄膜型柔性可拉伸锌电池（如 Zn-MnO₂ 电池、Zn-O₂ 电池，结构如图 5-11 所示），采用的封装方法均为用 PDMS 膜和 PDMS 胶进行封装。PDMS 膜（如图 5-12 所示）是一种有机硅薄膜，属于高分子聚合物薄膜，以聚二甲基硅氧烷为原料经特殊工艺制备。聚二甲基硅氧烷材料的特性赋予 PDMS 薄膜具有一定特异性能：高弹性、低杨氏模量、优异的气体透过性、化学稳定性、热稳定性、低温柔韧性（－60～200℃保持优异性能）、全透明性、生物相容性等。PDMS 胶是一种硅橡胶，也称聚二甲基硅氧烷弹性体，属于 AB 双组分加成型，常用的比例是 10：1（主剂：固化剂），其特点是在常温下即可进行交联固化，亦可适当加温加速其均匀固化过程，固化后无副产物产生，具有较低的应力和模量，并具有优异的生理惰性，在－40～210℃范围内依旧有弹性。

天津大学钟澄、胡文彬等[24]研制出了一种在多次拉伸和释放条件下具有稳定电化学性能的高度可伸缩、可充电的锌空气电池阵列。该电池阵列由阳极和阴极阵列、碱性 PVA 凝胶电解质、橡胶衬底和嵌入铜电路组成。为了避免像前述方法一样使用预拉伸基板，2×2 阵列的锌空气电池与蛇形线电气互连集成在一起，形成可伸缩的锌空气电池阵列。通过简单设计锌空气电池阵列的集成电路，可以根据需要控制输出电压和电流。例如，集成的可伸缩锌空气电池阵列可以提供 1～4V 的宽范围的输出电压，克服了锌空气电池固有的低工作电压的限制，使其能够满足各种电子器件的电压要求。为了实现其灵活性，所述的锌空气电池由一种柔性的 Co₃O₄ 空气电极、锌箔和水凝胶聚合物电解质组成。传统的电极制备过程包括在集流体[25]上制备和沉积活性材料、导电剂（如炭黑粉末）和聚合物黏合剂的浆料。其结果是一定数量的活性物质的表面被阻止与电解液接触[26]。此外，该制备过程相对复杂和耗时，在较大的机械应力下，活性材料容易从集流体上脱落，特别是在频繁的变形条件下。为解决传统气电极制备方法中存在的这些问题，该研究在气电极的制备中采用了超薄介孔材料（如 Co₃O₄ 纳米片阵列），在高柔性的碳布上通过电沉积原位生长，然后热处理。整个电极制造过程避免了额外的转移过程，如活性材料的浆液涂层和喷涂涂层，也避免了绝缘聚合物黏合剂的使用。这不仅大大简化了柔性空气电极的制备过程，而且减少了电极中钝化添加剂的相关副作用。值得注意的是，得到的锌空气电池阵列在重复动态拉伸下表现出稳定的电化学性能，拉伸/释放率高达 100%。一个 2×2 的锌空气电池阵列可以很好地贴合人体曲面，并能在人体运动时成功点亮 60 个工作电压为 3.0V 的商用 LED 灯。这表明它具有广泛的应用潜力，如在可变形或不规则形状的可穿戴电子产品和机器人上的应用。该柔性锌空气电池的详细制备过程如下：将铜线（直径 0.02mm）弯曲成蛇形，组装成一个模式电路，作为电气互连；然后将铜电路放入一个玻璃模具（75mm×75mm，深 1mm）的中心；然后将 Ecoflex 硅橡胶均匀混合，倒入玻璃模具中，在 60℃下固化 2h，可观察到铜电路嵌入 Ecoflex 衬底中，铜电路和电极之间的网状铜互连线是由暴露在 Ecoflex 衬底外面的铜线剩余部分编织而成的；使用水凝胶 PVA/KOH 作为电解质，将电解液在 90℃下连续搅拌 0.5h，倒入深 1mm 的方形模具中，制成 PVA/KOH 薄膜；为便于交联，将制备好的凝胶电解质置于

−10℃冰箱中放置 4h；最后，将 4 片锌箔（20mm×20mm，0.5mm 厚）和 Co_3O_4/CC 分别用棉线或铜线进行相应的网状铜互联，并面对面放置在电解质膜的两侧，采用一层接一层的方法组装可伸缩、柔性的锌空气电池阵列。逐层的示意图表示和分解视图结构如图 5-13（a）所示。

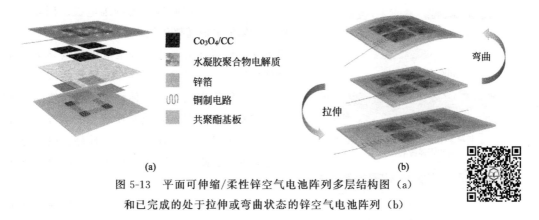

图 5-13　平面可伸缩/柔性锌空气电池阵列多层结构图（a）
和已完成的处于拉伸或弯曲状态的锌空气电池阵列（b）

上文提到的 Ecoflex 是一种很有前途的工程聚合物，是一种优良的封装材料，与 PDMS 的特点类似，Ecoflex 具有优秀的生物相容性、机械性能和介电性能，可用于生产大面积、复杂形状的均匀、可拉伸膜。此外，将铜线弯曲成蛇形并嵌入 Ecoflex 基板也是一个明智的策略，这样可以确保铜电路在剧烈拉伸和长时间的电池循环过程中保持完整性。此外，暴露在 Ecoflex 基底外面的一部分铜线被编织成了网状并将其缝在电极阵列上，固定并连接到橡胶衬底和铜互联上，从而很好地保证了电气和机械稳定的电极阵列。在锌空气电池阵列中，该研究尝试选择合适的材料和结构，使所有组件和集成电池都可以弯曲和拉伸，如图 5-13（b）所示。通过控制电解液和 Ecoflex 膜的厚度，该研究将电池阵列制作得尽可能薄（约 3mm），以满足便携式和可穿戴电子设备的需求。

5.3.2.2　纤维电池

纤维状电池具有独特的一维架构，有着出色的灵活性以及装备小型化的潜力，对变形的适应性强，可紧密贴合不规则基底，能透气导湿，此类能源织物在可穿戴应用方面特别有利，能有效满足可穿戴设备的应用要求。虽然单根纤维状能源器件提供的能量有限，但是由于它们可以被编成织物，因此可以输出较高的总能量。

现有的纤维电池包括纤维锌空气电池、纤维锂离子电池、纤维锂硫电池、纤维铝空气电池和纤维太阳能电池等，大大拓宽了电化学储能器件的种类和应用范围。复旦大学彭慧胜团队[25] 制备了一种纤维状的锌空气电池，它具有螺旋锌阳极、水凝胶聚合物电解质和空气阴极［碳纳米管（CNT）片］的结构。其制备方法如图 5-14 所示。首先通过将锌丝缠绕到钢棒上然后将其从钢棒上取下的方法制备螺旋锌弹簧，然后将锌弹簧浸入水凝胶聚合物电解质溶液中，保存在冰箱中进行电解质交联，将处理过后的弹簧进一步浸入 RuO_2 乙醇悬浮液的催化剂墨汁中，在水凝胶聚合物电解质的周围表面形成催化剂层。对齐的碳纳米管薄片从可旋转碳纳米管阵列中绘制，并一层一层交叉堆叠到聚四氟乙烯板上。最后，将覆盖碳纳米管的聚四氟乙烯板卷到改性后的锌弹簧上。所述的空气电极是多孔的，CNTs 要保持对齐。由于碳纳米管片空气电极也作为集流体和气体扩散层，不需要黏结剂或额外的导电材料。

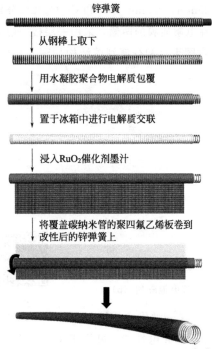

锌弹簧

↓ 从钢棒上取下

↓ 用水凝胶聚合物电解质包覆

↓ 置于冰箱中进行电解质交联

↓ 浸入RuO₂催化剂墨汁

↓ 将覆盖碳纳米管的聚四氟乙烯板卷到
改性后的锌弹簧上

图 5-14　纤维状锌空气电池制备方法[26]

由上文所述的纤维电池的制备过程来看，纤维电极是纤维电池的重要部分。它在纤维状能源器件的构建和性能方面都发挥着至关重要的作用。在实际应用中，需要根据不同类型纤维状能源器件的要求，制备不同特点的纤维电极。例如，纤维状太阳能电池需要优先考虑纤维电极的透光率；纤维状储能器件主要考虑纤维电极的电导率以及对活性物质的负载量；可拉伸纤维状能源器件还需要考虑纤维电极的可拉伸性能等。传统的金属丝具有较高的电导率，但是质量重、柔性差；相反，导电高分子纤维质量轻、柔性好，但电导率则比较低。因此，近年来人们开始高度关注基于碳纳米管和石墨烯的新型纤维材料，它们同时显示了较低的密度、良好的柔性、较高的强度和电导率，是一类理想的电极材料。目前的纤维电极主要包括：a. 取向碳纳米管纤维电极。目前用作能源器件的取向碳纳米管纤维，主要通过干法纺丝制备，即首先通过化学气相沉积法合成可纺的碳纳米管阵列，然后从可纺碳纳米管阵列中拉出取向碳纳米管薄膜并进行后加捻处理，从而得到取向碳纳米管纤维。b. 皮芯结构的纤维电极。将基底纤维的两端分别固定在两个电机上，同时将可纺碳纳米管阵列固定在可水平移动的平移台上，将取向碳纳米管薄膜从可纺碳纳米管阵列中以一定角度拉出并黏附在纤维表面。两个电机同步旋转，取向碳纳米管薄膜连续缠绕在纤维上，得到具有皮芯结构的纤维电极。缠绕在纤维上的取向碳纳米管薄膜厚度可以通过改变缠绕角度和薄膜宽度进行精确控制。c. 复合纤维电极。复合电极一般是由活性材料和导电纤维骨架组成。制备复合纤维电极需要考虑以下几个因素，活性材料需要稳定地固定在导电纤维骨架中；在制备复合活性材料后，纤维电极依然需要保持较高的电导率，以实现电子的快速转移；复合纤维电极需要具有良好的柔性和稳定性。活性材料可以通过物理或化学方法，负载到碳纳米管导电纤维中。例如，锰酸锂、钛酸锂或者介孔碳等纳米颗粒通过悬浮液沉积到取向碳纳米管薄膜上，然后加捻得到复合纤维。同样，无定形硅可以通过电子束蒸镀然后加捻处理的方法，制备取向碳纳米管复合纤维。二氧化锰纳米颗粒、二硫化钼纳米片、聚酰亚胺纳米片和聚苯胺分别通过电化学沉积、水热法、原位聚合和电聚合来复合。d. 弹性纤维电极。将取向碳纳米管薄膜螺旋缠绕在弹性高分子纤维基底上，可以得到弹性的纤维电极，最大拉伸量超过 500%。然而，该制备方法需要引入高分子基底，显著增加了纤维电极的质量和体积，另外在储能器件的应用中对储能性能没有贡献。

对于柔性纤维电池的构筑，必须应用到柔性电解质。半固态/固态电解液是连接阴极和阳极的离子介质，是影响纤维电池循环寿命、速率特性和功率输出等性能的关键因素。凝胶聚合物电解质（GPEs）是由聚合物基体和液体电解质组成的一种介于液体和固体之间的中间态，因其具有较高的离子导电性、柔韧性和与电极[27] 良好的界面接触，而被广泛应用于柔性纤维电池中。其中，聚乙烯醇（PVA）由于具有优良的化学稳定性、电化学惰性、耐久性、无毒性和易于制备[28]等优点，是常用的聚合物基体之一。由于PVA的优点和KOH的高氢氧离子导电性，PVA-KOH GPEs被广泛应用于纤维电池中[29-31]。利用这种GPEs，研究人员已经开发出具有不同结构的柔性锌空气电池，柔性纤维状的锌空气电池也在其中。

致力于实现各种其他聚合物电解质系统的研究也层出不穷。例如，前述彭慧胜团队在制备纤维电池过程中，通过将聚环氧乙烷（PEO）与PVA主体聚合物共混得到交联的GPE，得到的PEO-PVA-KOH电解质具有$0.3S \cdot cm^{-1}$的高离子电导率。Fu等[32]制备了一种表面用季铵盐功能化的纤维素纳米纤维电解质膜，并进行了进一步的交联和氢氧化物离子交换。合成的聚合物电解质具有较高的氢氧根离子电导率（$21.2mS \cdot cm^{-1}$）以及超强的保水能力。

在当今可穿戴设备技术迅猛发展的环境下，柔性纤维电池的发现将是这一领域的重要突破，柔性电池将会成为这个包括智能织物、智能皮肤、智能手环等其他可穿戴设备多元发展的可穿戴领域的新生活力，为可穿戴设备的进一步发展打下坚实基础。

参考文献

[1] 王子野，李国华.水系锌离子电池的原理，组装与应用.科技风，2019(5)：201-201.

[2] Gu P，Zheng M，Zhao Q，et al. Rechargeable zinc-air batteries：a promising way to green energy. Journal of Materials Chemistry A，2017，5(17)：7651-7666.

[3] Fu J，Cano Z P，Park M G，et al. Electrically rechargeable zinc-air batteries：progress，challenges，and perspectives. Advanced Materials，2017，29(7)：1604685.

[4] Meng J，Liu F，Yan Z，et al. Spent alkaline battery-derived manganese oxides as efficient oxygen electrocatalysts for Zn-air batteries. Inorganic Chemistry Frontiers，2018，5(9)：2167-2173.

[5] Hosseini S，Han S J，Arponwichanop A，et al. Ethanol as an electrolyte additive for alkaline zinc-air flow batteries. Scientific Reports，2018，8(1)：1-11.

[6] Larsson F，Rytinki A，Ahmed I，et al. Overcurrent abuse of primary prismatic zinc-air battery cells studying air supply effects on performance and safety shut-down. Batteries，2017，3(1)：1.

[7] Wang K，Pei P，Wang Y，et al. Advanced rechargeable zinc-air battery with parameter optimization. Applied Energy，2018，225：848-856.

[8] Ma H，Wang B，Fan Y，et al. Development and characterization of an electrically rechargeable zinc-air battery stack. Energies，2014，7(10)：6549-6557.

[9] Hong W，Li H，Wang B. A horizontal three-electrode structure for zinc-air batteries with long-term cycle life and high performance. International Journal of Electrochemical Science，2016，11(5)：3843-3851.

[10] Haas O，Schlatter C，Comninellis C. Development of a 100W rechargeable bipolar zinc/

oxygen battery. Journal of Applied Electrochemistry, 1998, 28(3): 305-310.

[11] Zhao Z, Liu B, Fan X, et al. Methods for producing an easily assembled zinc-air battery. MethodsX, 2020, 7: 100973.

[12] Choi S, Lee H, Ghaffari R, et al. Recent advances in flexible and stretchable bio-electronic devices integrated with nanomaterials. Advanced Materials, 2016, 28(22): 4203-4218.

[13] Zhao Z, Liu B, Fan X, et al. An easily assembled boltless zinc-air battery configuration for power systems. Journal of Power Sources, 2020, 458: 228061.

[14] Shi M, Wu H, Zhang J, et al. Self-powered wireless smart patch for healthcare monitoring. Nano Energy, 2017, 32: 479-487.

[15] Park J, Lee Y, Hong J, et al. Tactile-direction-sensitive and stretchable electronic skins based on human-skin-inspired interlocked microstructures. Acs Nano, 2014, 8(12): 12020-12029.

[16] Yuk H, Zhang T, Parada G A, et al. Skin-inspired hydrogel-elastomer hybrids with robust interfaces and functional microstructures. Nature Communications, 2016, 7(1): 1-11.

[17] Huang Y, Tao J, Meng W, et al. Super-high rate stretchable polypyrrole-based supercapacitors with excellent cycling stability. Nano Energy, 2015, 11: 518-525.

[18] Zang X, Zhu M, Li X, et al. Dynamically stretchable supercapacitors based on graphene woven fabric electrodes. Nano Energy, 2015, 15: 83-91.

[19] Kettlgruber G, Kaltenbrunner M, Siket C M, et al. Intrinsically stretchable and rechargeable batteries for self-powered stretchable electronics. Journal of Materials Chemistry A, 2013, 1(18): 5505-5508.

[20] Kumar R, Shin J, Yin L, et al, Wang J. All-printed, stretchable Zn-Ag_2O rechargeable battery via hyperelastic binder for self-powering wearable electronics. Advanced Energy Materials, 2017, 7(8): 1602096.

[21] Xu S, Zhang Y, Cho J, et al. Stretchable batteries with self-similar serpentine interconnects and integrated wireless recharging systems. Nature Communications, 2013, 4(1): 1-8.

[22] Weng W, Sun Q, Zhang Y, et al. A gum-like lithium-ion battery based on a novel arched structure. Advanced Materials, 2015, 27(8): 1363-1369.

[23] 吴永志, 汪小知, 傅杰, 等. 一种柔性可拉伸锌电池及其制备方法: CN107611468A. 2018-01-19.

[24] Fan X, Wang H, Liu X, Liu J, Zhao N, Zhong C, Hu W, Lu J. Functionalized nanocomposite gel polymer electrolyte with strong alkaline-tolerance and high zinc anode stability for ultralong-life flexible zinc-air batteries. Advanced Materials, 2022: 2209290.

[25] Liao M, Wang C, Hong Y, Zhang Y, Cheng X, Sun H, Huang X, Ye L, Wu J, Shi X, Kang X, Zhou X, Wang J, Li P, Sun X, Chen P, Wang B, Wang Y, Xia Y, Cheng Y, Peng H. Industrial scale production of fibre batteries by a solution-extrusion method. Nature Nanotechnology, 2022, 17: 372-377.

[26] Liu Q, Wang Y, Dai L, et al. Scalable fabrication of nanoporous carbon fiber films as

bifunctional catalytic electrodes for flexible Zn-air batteries. Advanced Materials，2016，28(15)：3000-3006.

[27] Zhou D，Liu R，Zhang J，et al. In situ synthesis of hierarchical poly(ionic liquid)-based solid electrolytes for high-safety lithium-ion and sodium-ion batteries. Nano Energy，2017，33：45-54.

[28] Jiang M，Zhu J，Chen C，et al. Poly(vinyl alcohol) borate gel polymer electrolytes prepared by electrodeposition and their application in electrochemical supercapacitors. ACS Applied Materials & Interfaces，2016，8(5)：3473-3481.

[29] Chen X，Liu B，Zhong C，et al. Ultrathin Co_3O_4 layers with large contact area on carbon fibers as high-performance electrode for flexible zinc-air battery integrated with flexible display. Advanced Energy Materials，2017，7(18)：1700779.

[30] An L，Li Y，Luo M，et al. Atomic-level coupled interfaces and lattice distortion on CuS/NiS_2 nanocrystals boost oxygen catalysis for flexible Zn-air batteries. Advanced Functional Materials，2017，27(42)：1703779.

[31] Liu S，Wang M，Sun X，et al. Facilitated oxygen chemisorption in heteroatom-doped carbon for improved oxygen reaction activity in all-solid-state zinc-air batteries. Advanced Materials，2018，30(4)：1704898.

[32] Fu J，Zhang J，Song X，et al. A flexible solid-state electrolyte for wide-scale integration of rechargeable zinc-air batteries. Energy & Environmental Science，2016，9(2)：663-670.

第 6 章

水系锌基电池未来发展方向和挑战

得益于有前景的能量和功率密度指标、本征固有的安全性和成本优势，水系锌基电池获得学术界和产业界的极大关注，正在经历一个前沿研究层面不断突破、产业实用层面不断扩大的繁荣发展期。参考新兴技术商业化转化过程的普遍规律，结合锂离子电池从原型器件到产业化的成功历程，对于水系锌基电池发展现状和未来前景，我们做出如下两个层面的思考。首先，应该秉持何种学术界和产业界之间的合作方式，以得到推动水系锌离子电池发展的最大合力。学术界在材料层面和小型器件层面所报道的"重大突破"层出不穷，但这些成果在真实器件中解决实际问题的效果往往不太理想。是一种什么思路或者方式的偏差，造成了学术界的突破成果和产业界的实际效果之间的差距，真正科学的材料与器件考量标准应该是怎样的。其次，对于水系锌基电池目前遇到的问题和困境，学术界和产业界应该选取哪个角度和层面进行重点攻关，以期迅速突破阻碍水系锌基电池在动力电池、电网储能、柔性电子器件等主流场景下大规模应用的瓶颈，使之真正成为储能技术的主角之一。基于以上思考，本章对水系锌基电池的未来发展方向和挑战进行系统阐述。首先，本章对以产业实用化为导向、真实反映水系锌基电池材料和器件性能的科学考量标准和细节展开阐述。然后，对未来水系锌基电池关键材料的发展方向做出分析和展望。最后，对在学术界研究中通常被忽视，但在真实应用场景中起到关键作用的成本、机械性能、安全性等归属于电池综合性能的因素进行重点阐述。

6.1 真实电池性能的科学考量

为了提升锌基电池的可逆性，近年来，对于高可逆锌负极的学术研究受到了极大的关注，也涌现出了大量的学术成果。最近，Parker 及其同事指出，在实验室基于锌电极的电池性能测试中普遍存在误区[1]。有趣的是，实验室规模的研究与实际应用之间的差距也存在于其他下一代电池技术，例如锂-氧（$Li-O_2$）或锂-硫（Li-S）电池中[2]。显然，在整个锌基电池研究领域，对文献中报道的电池性能进行客观评估的需求变得越来越重要。实际电池应用对电池的能量密度提出了较高的要求，如消费电子应用领域要求电池具有高的质量能量密度以及体积能量密度。遗憾的是，目前大部分的锌基电池研究均未在客观的条件下进行测试。比如在锌空气电池中，大部分学术研究依然使用简单的锌箔作为阳极，使得所测试出的电池寿命与能量效率相比实际应用而言偏高。因此，需要建立客观的锌基电池性能考量标准，以评价各类电极配方与电池概念，为高可逆锌电极的发展指引方向。

在电池性能的考量中，尤其重要的是电池的能量密度与循环寿命。电池的能量密度决定了单位质量电池所能携带的能量，应该囊括电极、电解液以及封装材料的总质量。其中电极的质量还应该包含添加剂和与活性物质接触的集电极。循环寿命则决定了电池在实际工作环境中的工作寿命。循环寿命受放电深度的影响，通常，随着放电深度的提升，电池的循环寿命将会下降。理想的电池在理论上应该拥有极高的能量密度，且能够在放电深度较高的情况下获得可观的循环寿命，使得电池在生命周期中能够储存/释放足够多的能量，发挥其作为能量存储系统的天职。也就是，电池应该拥有较为全面的综合性能。倘若其性能存在明显短板，将影响其对工作环境的适应性，影响实际工作表现。

然而，目前的学术研究通常只关注于提升电池某一方面的性能，而这种提升通常存在误解，抑或是以牺牲电池的其他性能来换取的。以电池的比能量密度为例，许多报道的论文通常将循环容量归一化到活性物质上，忽视了添加剂、集电极以及电解液的质量，导致比能量密度的数值偏高[3]。一种极端的情况是采用三维导电金属如泡沫铜作为集流体，仅在表面电镀少量的锌作为阳极。在这种情况下，泡沫铜可以为锌的氧化还原提供良好的电子导通骨架，且锌的负载量较低，厚度较小，减少了由电子传导以及离子扩散引起的极化，使得锌的利用率显著提升，也就提升了归一化为活性物质的比能量[4]。然而，电池整体的比能量需要计入集流体的质量，这样低活性物质负载量的电极设计也就必然将电池比能量限制为一个较低的数值。类似的情况还有，在电极中使用过量的非活性物质如导电剂、添加剂等，同样会在提升活性物质比能量的同时，降低电池整体的比能量。此外，锌阳极的利用率受电解液用量的影响。过量的电解液使得锌阳极可以以溶解－沉积的模式工作，提升了锌阳极的利用率，从而使得以锌电极活性物质归一化的比容量达到其理论值 $616\,\mathrm{mA\cdot h\cdot g^{-1}}$。但考虑到电池整体的比能量，过量使用的电解液使得电池的整体质量过大，降低了电池的比能量密度。然而，据统计，依然有大量的研究采用了这种测试体系，也就是所谓的"烧杯电池"来测试电池的性能[5]。

同样的，一些关注于提升电池循环寿命的研究也容易陷入误区中。最常见的则是通过降低电池的放电深度来提升电池的循环寿命。一般来说，循环过程的放电深度越低，电池的循环寿命会越高。然而，放电深度越低，电池的能量密度便越低。据 Rolison 等的研究表明，锌空气电池中，锌电极的放电深度必须达到 40% 以上，才能让锌空气电池有接近锂离子电池组的能量密度。但据统计，在 2010 年至 2020 年的 555 篇锌空气电池的相关研究中，仅在 5% 的研究中锌空气电池的放电深度达到了 40% 以上，且这些研究之间的放电深度差距达到了 5 个数量级。这使得公平比较这些研究的循环寿命成为了不可能，因为循环寿命数据并不是在相同的放电深度下测得的[6]。此外，电解液的用量同样影响着锌电极的循环寿命。例如，在碱性锌基电池中，通过使用过量的电解液，充足的氢氧根可以溶解锌电极的放电产物，从而避免了钝化层的形成，提升了锌电极的循环性。电解液用量对电池循环寿命的影响同样见于其他电池系统中。如锂硫电池中，使用过量的电解液可以掩盖电解质分解对循环寿命的影响[7]。在锌基电池中使用过量电解液还掩盖了副反应的问题。由于锌基电池的工作电位通常高于水的电压窗口，因此正负极上均有气体析出。通过提高电解液的用量，可以保证电池内部的离子传导，减缓由电解液干涸引起的电池断路，提升锌基电池的寿命。然而，如前所述，所使用的电解液越多，电池的能量密度也就越低。

考虑到锌基电池性能测试中存在如此多的误解，建立一套客观的锌基电池性能测试模型十分重要。Schröder 等建议在锌基电池的研究中应注意以下几个性能指标：a. m_{AM}/m_{anode}（活性物质质量/锌阳极质量）。这一数据可以判断锌阳极中添加剂以及集流体等惰性物质的质量占比，反映锌阳极的能量密度。b. Q_{AM}/V_E（活性物质容量/添加的电解液的体积）。如前所述，电解液的添加量会显著影响锌基电池的能量密度与循环寿命。c. N_C（循环寿命）。描述锌基电池在失效前的最大循环次数。d. Φ_Q（平均库仑效率）。用以判断副反应消耗的能量占输入电池的整体能量的比值。e. X_{AM}（活性物质的利用率）。用以描述在循环过程中，有多少百分比的活性物质参与了反应；f. q_{dis}（单位阳极在循环过程中的放电容量）。用以描述锌阳极的放电深度与能量密度。g. $N_C q_{dis}$（循环寿命乘单位阳极在循环过程中的放电容量）。用以描述锌基电池在整个服役周期中，锌阳极的总输出容量[3]。通过采用这样的性能指标来评价锌基电池的性能，可以清楚地展示电池设计的优势与劣势。比如可以帮助研究者判断相关研究是否通过降低放电深度来提升电池的循环寿命，是否通过使用了过量的电解液来提升电池的循环寿命，以及是否通过降低活性物质的负载量来提升电池的循环寿命。这样的性能指标也方便研究者对不同研究中的锌阳极进行客观的性能对比，便于后续研究工作的开展。

6.2 核心材料的研发

6.2.1 锌负极材料

尽管近年来关于高性能锌负极的研究取得了一系列重大进展，但由于电极反应过程中存在多步载流子转移和复杂的副反应，目前对于锌阳极表面的基础科学问题方面的研究还远远不够，当前的优化策略仍不能完美地解决诸如锌枝晶、可逆性差、副反应等方面的问题。因此，应该加强对锌枝晶形成机理等方面的理论研究，进而指导锌负极材料的改性工作，实现锌负极在长循环寿命、高容量和高库仑效率等方面的突破。在此，我们对锌负极材料的优化提出了以下几点建议。

（1）对锌负极枝晶生长、副反应等方面进行更加深入的理论研究

对于在锌负极表面枝晶形成和副反应机理的认知和探究仍处于发展阶段，在某些影响因素上仍然存在分歧。锌在负极表面上的沉积/溶解是复杂的过程，电解质和锌负极材料之间局部界面条件的细微变化会对成核和随后的锌生长产生重大影响，探索内在的锌沉积/剥离工艺对于理解锌负极表面的锌成核和生长具有指导意义。尽管已经探索了多种方法来抑制锌枝晶的生长，但是在不同的实验条件下，对于锌的成核、生长、溶解以及结构转变仍缺乏深入的了解和研究。例如，与枝晶生长相关的内部应力如何影响锌的沉积仍然无法得到确切的答案；大的电流密度会加速枝晶生长从而导致电池失效，还是可以实现致密的锌沉积从而抑制锌枝晶的生长，也仍存在争议。因此，迫切需要对如何减缓枝晶生长等方面进行更深

入的理论研究，在实验上，应研究和应用更多的原位表征技术（例如，原位 X 射线衍射、原位 X 射线光电子能谱、原位扫描电子显微镜和原位透射电子显微镜等），以更好地了解锌枝晶的生长过程。并且，可以从理论计算方面对锌沉积过程进行计算和模拟，来更全面地考察锌枝晶形成的影响因素。

（2）重视锌负极表面电场的调节，从调整界面上电子和离子分布的角度提升锌负极的循环稳定性

表面电场是电池循环期间锌成核的唯一驱动力，电场的均匀性可以促进整个负极表面同步锌剥离/沉积。三维结构的基底可以减少局部电荷积累，这有助于均匀的表面电场并提高锌沉积/剥离的库仑效率。但是，很多的研究往往忽略了三维结构的空间大小，一些狭窄的通道可能会阻碍电解质的流动，从而导致某些地方锌无法均匀沉积。另外，当充电容量超过最大容量时，锌沉积仅稳定于三维结构内部，锌在结构外的生长不受控制，仍会面临枝晶生长等问题。

因此，对三维结构和孔结构的进一步优化对于高比表面三维镀锌负极非常重要，因此实现均匀界面电场的研究十分必要。另外，还需要注意的是三维结构基底设计策略提供了额外的惰性材料质量，从而在一定程度上会降低整个锌负极的能量密度，在进行三维基底材料的研究方面也要对基底的质量和体积进行一定的优化和改善。

（3）涂层材料可防止锌负极与电解质直接接触，从而更好地保护锌负极，缓解锌腐蚀问题

然而，锌负极与电解质之间的界面改性策略仍然存在一些问题，基于对现有涂层材料的分析，可以开发仅传导离子而不传导电子的涂层材料。这种涂层有利于在负极/涂层之间而不是涂层/电解质界面之间沉积锌离子。另外，这种涂层可以有效地减少活性水分子在锌沉积过程中引起的副反应。

（4）锌合金化也是获得高性能锌负极的有效手段

合金结构具有一定的机械强度，可以有效地抑制负极在加工过程中的变形，并且在抑制枝晶生长和避免钝化方面发挥作用。尽管目前已经设计了各种结构的锌合金来提高锌阳极的效率，但是它们中的大多数都针对碱性锌基电池。对于使用弱酸性电解质的锌离子电池系统研究较少，值得进一步探索。锌合金化策略应适应新的电解质体系，为制备长寿命、无枝晶的锌负极材料提供启发和帮助。

（5）锌金属负极测试和评估的标准化

尽管研究方法的多样性有利于科技创新，但不同研究方法的锌负极测试手段和参数也各有差异，难以建立较为合理的评价体系和标准。例如，目前的锌负极性能测试通常是在过量的锌金属负极和电解质下进行的，这与电池实际的应用情况相去甚远，并且可能对金属负极性能评估产生重大偏差。负极是确定整个电池能量密度的关键，锌含量应严格控制在一定水平，略高于实际应用中反应所需的量，以实现锌电池低成本、高能量密度的要求。锌金属负极的一些关键参数，例如库仑效率、能量效率、锌沉积/剥离效率和锌负极的放电深度等，通常被忽略，因此需要设计更合理的测试方法来获得标准化的测试和评估标准，从而对改性策略做出更加正确和合理的判断，推动锌基电池的商业化应用。

6.2.2 正极材料

正极材料是锌基电池的另一关键组成部分，尽管近年来对正极材料的研究取得了很大

的进展，但在实现大规模商业化之前仍需克服许多挑战，例如电极材料与水或 O_2 之间的反应、H_2/O_2 在水溶液中的析出和正极材料的溶解等问题，这些问题都不容忽视。因此，锌基电池的实际应用还有很长的路要走。关于锌基电池正极材料未来可能的发展方向，我们提出了以下相关展望。

(1) 正极材料的电荷存储机理的标准化研究还需进一步讨论和探究

前面章节我们已经总结了先前关于锌基电池正极材料电荷存储机理的相关研究，但由于正极材料晶体结构、形态等方面的差异，这些阴极材料具有不同的电极反应机理和电化学性能，特别是对于钒基和锰基氧化物正极材料的反应机理仍然存在较大争议。因此，仍需要更深入和系统的研究来揭示其内部的反应机理。在实际研究过程中，表征条件和环境的差异还会带来许多未知的干扰因素，将可靠的理论方法、电化学工具以及更先进的原位表征技术相结合，可以有效避免这些问题并弥补检测条件的局限性。

(2) 正极材料的稳定性仍需进一步改善

正极材料在水系电解质中的溶解和在存储过程中的结构坍塌是导致其电化学失效的最常见问题。可以通过结构工程进行性能优化，例如碳材料的涂覆、金属离子预嵌入、调整晶格间距等方法。特殊的形态控制，甚至多策略技术也有望解决正极材料面临的科学问题并增强其锌存储性能。纳米结构材料在储能方面具有独特的优势，例如较短的离子扩散距离、较大的表面积以及更好的应力释放，是增强锌基电池电化学性能的良好选择。此外，可以在高通量计算仿真、深度学习，甚至人工智能的帮助下进行正极材料的合理设计，提升锌基电池的循环稳定性。

(3) 进一步提升正极材料传输动力学

从反应动力学的角度来看，电极的能量输出受传输动力学的影响很大，尤其是在电池处于高倍率的充放电条件下。电极内部的传输动力学主要受到正极材料结构特性的影响，对于正极结构设计而言，规则的孔隙率和弯曲度对于有效的离子和电子传输以及稳定的材料框架结构至关重要；对于结构工程而言，降低表面吸附和固态扩散能垒以及提高正极材料的固有电导率是至关重要的，主要包括纳米工程、缺陷工程、掺杂效应、层间环境的调节、表面化学和复合物的形成等。因此，要开发先进的正极材料，传输动力学的阻碍应成为考虑的重要因素。

(4) 优化正极材料的合成方法，开发高电压、高容量新型正极材料

活性材料的形态、表面积和晶格空间对电池的电化学性能有重大影响。这些系数可以通过改进合成方法来控制，低成本和安全性是选择正极材料的原则，所以需要开发高效而又创新的制备方法。例如，使用电化学沉积和离子沉积等一些新颖的方法可以直接获得无需黏合剂的高性能正极，从而可以有效地提高电化学性能。设计具有高比表面积、高孔隙率或高活性的正极材料，也是寻找高性能正极材料的一条新途径。同时，当前大多数锌基电池正极材料的工作电压较低（<1.6V），为了满足储能系统对电压及能量密度的要求，高电压正极材料的研究迫在眉睫。

6.2.3 水系电解质

电解质是电池中的重要成分，其物理和化学特性会显著影响电池的电化学性能和能量

存储机制。尽管电解质的设计在增强锌基电池的电化学性能方面已取得重大进展，但仍然存在一些关键问题亟需解决。

（1）进一步优化锌离子的溶剂化结构

电解质的组成和结构是影响电解质基本特性及锌基电池电化学性能的关键因素，在溶液中，Zn^{2+} 并非以游离单离子的形式存在，而是会与溶剂、添加剂等相互作用，形成阳离子的溶剂化结构［可以表示为：Zn^{2+}（溶剂）$_x$（阴离子）$_y$（添加剂）$_z$］。研究表明，可以通过改变溶剂和溶质的种类、调节锌盐的浓度、引入电解质添加剂等方法，实现对阳离子溶剂化结构以及电极-电解质界面上去溶剂化作用的调控，进而促进电解质中锌离子的扩散和迁移。此外，由于电解质系统的复杂性以及表征方法的局限性，目前对电解质中阳离子溶剂化鞘结构的研究仍有待进一步深入。除了使用常规的表征方法外，还需要结合某些特定的分析方法，如原位表征及 DFT、MD 模拟等技术，深入了解阳离子、阴离子和溶剂分子之间的配位作用，以及 Zn^{2+} 的去溶剂化过程，从而大大促进对电解质中离子迁移机理的研究，推动新型液态电解质体系的探索工作。

（2）进一步调节电解质浓度

除了调节电解质的组成，改变其浓度也是优化电解质和改善 Zn 阳极电化学性能的实用方法。电解质浓度的增加会减少自由水数量和溶剂化鞘中的水数量，从而降低水的活性、减缓水的分解。通过使用高浓度电解质可以实现较宽的电化学窗口和较高的工作电压，但是高浓度电解质的高黏度会导致锌离子迁移缓慢，增加制造成本，阻碍了其被广泛使用。因此，考虑到实际情况和大规模应用，开发低浓度电解质、进行溶剂化鞘结构设计，以拓宽电解质的电化学稳定窗口对于锌基电池的发展也是至关重要的。

（3）深入对电解质添加剂机理方面的研究，开发高性能复合电解质添加剂

引入电解质添加剂是拓宽电解质电化学窗口、抑制锌枝晶形成和生长、减缓正极材料溶解等问题的最为经济可行的方法。但目前对电解质添加剂的研究仍处于起步阶段，需要进一步研究添加剂与电解质及电极材料间的相互作用机理，为寻找高性能添加剂提供有力指导。此外，尽管电解质添加剂的功能范围很广，但是单一电解质添加剂的功能却相对简单。考虑到这一点，复合电解质添加剂是一种有效可行的解决方案。因此，探究添加剂之间的相互作用规律、开发功能更全面的复合电解质添加剂材料对开发锌基电池电解质具有重要意义。

（4）对电极-电解质界面层（EEI）问题的研究

在电池工作过程中，能量的储存和释放总是伴随着电子的输运和离子在 EEI 处的传递。而电解质无论是组成、结构，还是状态的变化，都会对 EEI 产生重大影响。因此，开发和调节锌基电池电解质，需要考虑电解质与特定电极材料间的界面电化学行为。由于电解质的表征及界面反应的复杂性，EEI 的研究较为困难，需要结合先进的原位表征及理论模拟和分析技术，精确地跟踪界面的形成、演化和离子的传输路径，进而深入研究和理解 EEI 问题，指导稳定电极-电解质界面层的合理设计。

（5）开发高性能水系凝胶电解质材料

一方面，需要对凝胶电解质材料进行合理的结构设计：凝胶基质的交联结构是凝胶电解质具有优异机械强度和柔韧性的根本，因此开发制备具有高度多孔或分层结构的双网络水凝胶是进一步提高凝胶电解质机械性能最可行的方法。同时，这种结构可以进一步提高电解

质含量、促进 Zn^{2+} 的迁移，从而提高电解质的离子电导率。另一方面，应该灵活地改变凝胶电解质的成分：选择与各种锌盐偶联的不同聚合物基体，并通过交联等方法修饰带电基团，促进电解质中 Zn^{2+} 的迁移，获得高离子电导率的凝胶基体材料。此外，在电解质基质中引入特定功能的官能团可以进一步提高凝胶电解质对外部环境变化的响应能力，而使用具有高分解电位的溶液（例如高浓度溶液、有机溶液和离子液体等）是进一步扩大凝胶电解质工作电压范围的实用方法。

6.3 基于应用场景要求的电池综合性能

6.3.1 成本

（1）探究低成本和具有实用性的锌负极

低成本和实用性是锌基电池的重要特征，在合理设计锌负极时需要充分考虑和发挥该优势特征。尽管先前的研究已证明电极表面改性或构筑三维基底结构等方法可以有效增强锌负极的电化学性能，但昂贵的成本和复杂的制备过程，成为其商业应用的实质性障碍。因此，迫切需要开发低成本和易拓展的方法来实现锌负极的商业化应用。例如，热浸镀锌是一种将基底浸入熔融锌中批量制取锌负极的方法，在某些基底（例如钢网）上形成的中间层可以将金属锌和基底紧密粘合。如果开发出可以在高温熔融锌中保持稳定并在界面处与锌结合紧密的基底材料，则热浸镀锌制备方法将使商业化大规模生产锌负极成为可能。

（2）寻求具有成本效益的创新型电解质

当前，锌基电池水系电解质由于具有较高的离子电导率得到了广泛的研究，但其较低的离子迁移数和较窄的电化学稳定窗口等问题限制了电池能量密度的提升，大大阻碍了其进一步的发展。近年来，一类新型的盐包水电解质引起了研究者们的注意，该类电解质由超浓缩锂盐和锌盐组成，并将电解质的电化学稳定窗口扩展至约 3V。但此类方法大大提高了电解质的生产成本，不适于大规模商业化应用。有机电解质体系具有较宽的电化学稳定窗口与 Zn 阳极具有良好的界面相容性，但黏度较高导致离子电导率较低，进而大大影响 ZIBs 的倍率性能。因此，为了设计具有高能量密度和长循环稳定性的实用型锌基电池，以满足大规模储能的实际需求，迫切需要开发具有成本效益的创新型电解质。考虑到目前所研究的几类电解质材料均有其各自的优缺点，因此发展混合电解质可以作为重要研究方向予以认真考虑，以开发具有成本效益的高性能创新型电解质。作为锌基电池的瓶颈问题，能量密度的进一步突破也不应只在电极材料上寻求复杂的创新，也应更多地关注电解质的改性。

6.3.2 机械性能

下一代可穿戴电子产品因其出色的便携性，在医疗保健、娱乐和体育设备等方面的应用中显示出巨大的潜力。因此，质量轻、体积小、可拉伸弯曲的柔性可穿戴电源的开发十分必要。尽管大量的研究已致力于改善现有的电源系统，但是仍需要进一步的攻关来实现柔性和可穿戴电源的商业性开发。

（1）基于新开发的电极材料和电池配置设计，开发灵活性好、能量密度高的新型柔性锌基电池系统是非常重要的

柔性锌基电池的最大挑战之一是采用锌箔作为负极材料，当其应用于可穿戴电子设备时，由局部压缩（例如弯曲、折叠、扭曲或拉伸）引起的应力将导致锌箔发生永久性形变。因此，应深入研究具有良好的机械性能、优异的安全性能和较高经济效益的新型锌电极材料。此外，确保所有电池组件之间电子和离子传输网络的紧密连接也是十分重要的。因此，迫切需要在材料优化、结构设计和系统集成方面进行合理设计以进一步满足实际应用要求。

（2）制定出一种客观全面的可穿戴锌基电池总体评估系统，在柔性锌基电池的测试程序和参数上建立一种标准，以便在不同的柔性电源之间对电池的各项性能（包括机械柔韧性、能量密度和寿命等）进行客观公平的比较

每个组件的机械性能在柔性可穿戴电源中都至关重要，包括韧性、最大允许应变力、拉伸强度、断裂强度、杨氏模量等。然而，缺乏对机械性能和柔韧性的明确标定是可穿戴锌基电池实际应用面临的又一难题。因此，应当对柔性锌基电池进行全面的机械测试，以评估整个功率设备和相应组件的灵活性。同时，测试条件应予以全方位考虑，例如以不同角度弯曲、折叠和扭曲，以及长时间弯曲、折叠和扭曲进行测试。另外，在大多数研究中，电池的能量密度缺乏固定的标准，通常通过电极的质量和负载的催化剂或电极面积来进行标准化。对于柔性锌基电池，由于可穿戴电子设备倾向于轻巧、超薄、小型化和便携式，应该优先考虑基于设备质量或体积的能量密度。

（3）优化可穿戴锌基电池的工业化生产技术，以降低生产成本，提高制造效率

因此迫切需要探索一种简单、快速和可控的制造工艺来实现柔性组件和装配的连接。高精度的打印技术在制造可穿戴电源方面显示出广阔的发展潜力，可提供大规模、低成本的制造流程，并具有很高的设计灵活性。但是，考虑到精密仪器和新颖印刷技术的高成本问题，该技术仅适用于高端设备，仍需开发廉价的印刷技术和低成本、高效益的制造方法。下一代可穿戴锌基电池的开发需要实验室和生产企业等全面合作，来解决包括材料合成和处理、多种材料中的电子传输、从宏观到微观的力学应变、异构界面科学等问题。

6.3.3 安全性

析氢和析氧往往会破坏锌基电池的稳定运行，开发具有良好稳定性和较宽电化学窗口的水系电解质可以较为有效地避免这类情况的发生。根据能斯特方程计算和水分解的电化学原理进行分析，可以通过改变电解质的浓度来调整锌基电池的工作电压窗口，方法包括添加具有氧化还原活性的添加剂，采用"盐包水"电解质以及水合低共熔电解质等不同种类的浓缩电解质，尤其是超浓缩电解质，在扩大电化学窗口方面性能占优。

目前，绝大多数锌基电池选用的仍是纽扣电池或袋式电池器件。为了满足未来市场的不同需求，应该同时使用不同类型的锌基电池器件，包括纽扣电池、袋式电池、圆柱形电池和棱柱形电池等。此外，具有高灵活性和可靠电化学性能的可穿戴柔性电子产品是一个充满活力的研究领域，受益于其绿色友好和可持续发展的特性，柔性水系锌基电池作为可穿戴电子产品的实际应用电源将会是不错的选择。到目前为止，由于电极材料和电解质的局限性，对中性或弱酸性电解质中的柔性锌基电池研究较少。因此，迫切需要新的策略来开发具有优异

导电性和出色柔韧性的新电极材料和电解质，以进一步开发设计高安全性的锌基电池。无论锌基电池是用作汽车动力电池，还是用于生产过程中能量的存储设备，它们的未来发展前景都是十分广阔的。此外，开发用于新能源行业的锌基电池对于调整有色金属行业的结构以及发展高效、清洁和安全的新能源电动汽车行业具有重要的战略意义。

参考文献

[1] Parker J F，Ko J S，Rolison D R，et al. Translating materials-level performance into device-relevant metrics for zinc-based batteries. Joule，2018，2(12)：2519-2527.

[2] Cao Y，Li M，Lu J，et al. Bridging the academic and industrial metrics for next-generation practical batteries. Nature Nanotechnology，2019，14(3)：200-207.

[3] Stock D，Dongmo S，Janek J r，et al. Benchmarking anode concepts：the future of electrically rechargeable zinc-air batteries. ACS Energy Letters，2019，4(6)：1287-1300.

[4] Yan Z，Wang E，Jiang L，et al. Superior cycling stability and high rate capability of three-dimensional Zn/Cu foam electrodes for zinc-based alkaline batteries. RSC Advances，2015，5(102)：83781-83787.

[5] Li Y，Lu J. Metal-air batteries：will they be the future electrochemical energy storage device of choice? ACS Energy Letters，2017，2(6)：1370-1377.

[6] Hopkins B J，Chervin C N，Parker J F，et al. An areal-energy standard to validate air-breathing electrodes for rechargeable zinc-air batteries. Advanced Energy Materials，2020，10(30)：2001287.

[7] Hagen M，Fanz P，Tübke J. Cell energy density and electrolyte/sulfur ratio in Li-S cells. Journal of Power Sources，2014，264：30-34.